高等学校"十二五"计算机规划教材·实用教程系列

AutoCAD 曲面建模实用教程

姚敏茹　陶毅　张小粉　主编

西北工业大学出版社

【内容简介】本书从使用者的角度出发，通过典型实例的详细讲解，系统深入地介绍 AutoCAD 曲面建模的主要功能和使用，引导读者在完成各种不同实例的建模过程中，系统地掌握在 AutoCAD 中进行曲面建模的方法与过程。全书主要内容包括三维绘图基础，三维曲线与曲面，齿轮类零件建模，凸轮类零件建模，叶轮、叶片类零件建模，蜗轮、蜗杆类零件建模，三维模型的着色与渲染，三维实体模型装配等。

本书以图文对照方式进行编写，内容全面，循序渐进，通俗易懂。本书适合 AutoCAD 用户迅速掌握和全面提高使用技能，对具有一定基础的用户也具有参考价值，还可供企业、研究机构、大中专院校从事 CAD/CAM 的专业人员使用。

图书在版编目（CIP）数据

AutoCAD 曲面建模实用教程/姚敏茹，陶毅，张小粉主编. —西安：西北工业大学出版社，2013.3
高等学校"十二五"计算机规划教材·实用教程系列
ISBN 978-7-5612-3625-3

Ⅰ. ①A… Ⅱ. ①姚… ②陶… ③张… Ⅲ. ①曲面—机械设计—计算机辅助设计—AutoCAD 软件—教材 Ⅳ. ①TH122

中国版本图书馆 CIP 数据核字（2013）第 043745 号

出版发行: 西北工业大学出版社
通信地址: 西安市友谊西路 127 号　　邮编：710072
电　　话: （029）88493844　88491757
网　　址: www.nwpup.com
电子邮箱: computer@nwpup.com
印 刷 者: 陕西向阳印务有限公司
开　　本: 787 mm×1 092 mm　1/16
印　　张: 14.25
字　　数: 377 千字
版　　次: 2013 年 3 月第 1 版　　2013 年 3 月第 1 次印刷
定　　价: 30.00 元

序　言

2010年召开的全国教育工作会议是21世纪以来第一次、改革开放以来第四次全国教育工作会议。在全面建设小康社会、教育开始从大国向强国迈进的关键时期，召开全国教育工作会议，颁布《国家中长期教育改革和发展规划纲要（2010—2020年）》，是党中央、国务院作出的又一重大战略决策，是我国教育事业改革发展的一个新里程碑，意义重大，影响深远。

在《国家中长期教育改革和发展规划纲要（2010—2020年）》中，明确了我国高等教育事业改革和发展的指导思想，牢固确立了人才培养在高校工作中的中心地位，着力培养信念执著、品德优良、知识丰富、本领过硬的高素质专门人才和拔尖创新人才，创立高校与高校、科研院所、行业、企业、地方联合培养人才的新机制，走产、学、研、用相结合之路。

在我国国民经济和社会发展的第十二个五年规划纲要中，对教育改革也提出了新的要求，按照优先发展、育人为本、改革创新、促进公平、提高质量的要求，深化教育教学改革，推动教育事业科学发展，全面提高高等教育质量。

近年来，我国高等教育呈现出快速发展的趋势，形成了适应国民经济建设和社会发展需要的多种层次、多种形式、学科门类基本齐全的高等教育体系，为社会主义现代化建设培养了大批高级专门人才，在国家经济建设、科技进步和社会发展中发挥了重要作用。

但是，高等教育质量还需要进一步提高，以适应经济社会发展的需要。不少高校的专业设置和结构不尽合理，教师队伍整体素质有待提高，人才培养模式、教学内容和方法需进一步转变，学生的实践能力和创新精神需进一步加强。

为了配合当前高等教育的现状和中国经济生活的发展状况，依据教育部的有关精神，紧密配合教育部已经启动的高等学校教学质量与教学改革工程精品课程建设工作，通过全面的调研和认真研究，我们组织出版了"高等学校'十二五'计算机规划教材·实用教程系列"教材。本系列教材旨在"以培养高质量的人才为目标，以学生的就业为导向"，在教材的编写中结合工作实际应用，切合教学改革需要，提高人才培养的能力和水平，更好地满足经济社会发展对高素质人才的需要。

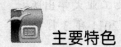

主要特色

◉ 中文版本、易教易学

本系列教材选取在工作中最普遍、最易掌握的应用软件的中文版本，突出"易教学、易操作"，结构合理、循序渐进、讲解清晰。

◉ **内容全面、图文并茂**

本系列教材合理安排基础知识和实践知识的比例，基础知识以"必需、够用"为度，内容系统全面，图文并茂。

◉ **结构合理、实例典型**

本系列教材以培养实用型和创新型人才为目标，在全面讲解实用知识的基础上拓展学生的思维空间，以实例带动知识点，诠释实际项目的设计理念，实例典型，切合实际应用，并配有上机实验。

◉ **体现教与学的互动性**

本系列教材从"教"与"学"的角度出发，重点体现教师和学生的互动交流。将精练的理论和实用的行业范例相结合，使学生在课堂上就能掌握行业技术应用，做到理论和实践并重。

◉ **与实际工作相结合**

开辟培养技术应用型人才的第二课堂，注重学生素质培养，与企业一线人才要求对接，充实实际操作经验，将教育、训练、应用三者有机结合，使学生一毕业就能胜任工作，增强学生的就业竞争力。

 读者对象

本系列教材的读者对象为高等学校师生和需要进行计算机相关知识培训的专业人士，同时也可供从事其他行业的计算机爱好者自学参考。

 结束语

希望广大师生在使用过程中提出宝贵意见，以便我们在今后的工作中不断地改进和完善，使本系列教材成为高等学校教育的精品教材。

西北工业大学出版社
2011 年 3 月

前　言

　　AutoCAD 是美国 Autodesk 公司首次于 1982 年推出的计算机辅助设计软件，主要用于二维绘图、详细绘制、文档设计和三维设计。Autodesk 公司对 AutoCAD 软件进行了多次改进，使其功能不断地提高，在建筑、汽车、电子、服装、造船以及测绘等许多行业中得到广泛的应用，是现今设计领域中使用最为广泛的绘图工具软件之一。AutoCAD 从最初的基本的二维制图发展为集二维制图、三维制图和互联网通信等为一体的通用计算机辅助设计软件包。本书主要介绍新版本 AutoCAD 2010 的使用。

　　本书通过典型实例的详细讲解，系统深入地介绍其曲面建模的主要功能和使用方法，使读者在完成各种不同实例的建模过程中，能系统地掌握 AutoCAD 曲面建模的方法与过程。

 ## 本书内容

　　全书共分为 8 章。其中，第 1 章介绍在 AutoCAD 2010 中绘制三维视图的基本知识和基本操作，为快捷、高效绘制三维视图奠定基础；第 2 章介绍在 AutoCAD 中表面模型的绘制方法和技巧；第 3 章通过 4 个实例，介绍齿轮类零件建模的过程和方法；第 4 章通过 4 个实例，介绍凸轮类零件建模的过程与方法；第 5 章通过风扇叶片的建模，重点介绍转轴圆柱体一端圆弧面的生成，风扇叶片复杂形状实体的生成，使实体与坐标系基准面呈一定角度的方法；第 6 章通过 2 个实例，使读者掌握三维绘图命令的综合应用；第 7 章介绍三维实体模型着色和渲染的基本方法，根据实际需要进行场景、灯光、材质及背景等各项设置，最终渲染出较为真实的三维实体效果；第 8 章介绍综合应用 AutoCAD 中的各种工具对三维实体模型进行修改、着色和渲染，最终得到尺寸准确、轮廓清晰、效果逼真的三维实体模型。书后共有 2 个附录，附录 1 为在 AutoCAD 应用中的技巧集锦；附录 2 为 AutoCAD 常用的命令快捷键。

 ## 读者定位

　　本书以图文对照方式进行编写，内容全面，循序渐进，通俗易懂。本书适合 AutoCAD 用户迅速掌握和全面提高使用技能，对具有一定基础的用户也有参考价值，还可供企业、研究机构、大中专院校从事 CAD/CAM 的专业人员使用。

　　由于水平所限，错误之处在所难免，希望读者不吝指教，在此表示衷心的感谢！

编　者

目　录

第 1 章 三维绘图基础

【内容】

本章将介绍有关三维绘图的基础知识，包括三维坐标系的相关知识，三维点、三维多段线、三维面等简单三维对象的创建，UCS 的定义与设置以及设置图形三维直观图的查看方向，设置平面视图、正交视图与等轴测视图的方法等，并以实例介绍某些功能的应用。

【实例】

实例 1：坐标输入法及三维面的绘制。

实例 2：UCS 的定义。

【目的】

通过本章的学习，用户应掌握在 AutoCAD 2010 中绘制三维视图的基本知识和基本操作，为快捷、高效绘制三维视图奠定良好的基础。

1.1 三维坐标系

1.1.1 三维笛卡儿坐标系

三维笛卡儿坐标系又称为三维直角坐标系，是在二维笛卡儿坐标系的基础上根据右手定则增加 Z 轴而形成的。同二维坐标系一样，AutoCAD 中的三维坐标系有两个坐标系统：一个称为世界坐标系（WCS）的固定坐标系和一个称为用户坐标系（UCS）的移动坐标系。在三维空间绘图，可以使用固定坐标系，也可以使用移动坐标系。

三维笛卡儿坐标系有三个坐标轴：X 轴、Y 轴和 Z 轴，坐标值的输入方式是（x, y, z），坐标值可以加正、负号表示方向。

1. 右手定则

在三维坐标系中，如果已知 X 轴和 Y 轴的方向，可以使用右手定则确定 Z 轴的正方向。将右手手背靠近屏幕放置，大拇指指向 X 轴的正方向。如图 1-1 所示，伸出食指和中指，食指指向 Y 轴的正方向，中指所指示的方向即 Z 轴的正方向。通过旋转手，可以看到 X 轴、Y 轴和 Z 轴如何随着 UCS 的改变而旋转。

还可以使用右手定则确定三维空间中绕坐标轴旋转的正方向。如图 1-2 所示，将右手拇指指向轴的正方向，卷曲其余四指。右手四指所指示的方向即轴的正旋转方向。

2．世界坐标系（WCS）

在 AutoCAD 中，三维世界坐标系是在二维世界坐标系的基础上根据右手定则增加 Z 轴而形成的。同二维世界坐标系一样，三维世界坐标系是固定坐标系，不能对其重新定义。

AutoCAD 2010 创建新图形时，通常自动使用世界坐标系（WCS）。世界坐标系的 X 轴是水平的，Y 轴是垂直的，Z 轴则垂直于 XY 平面。在世界坐标系（WCS）中，可以使用笛卡儿坐标系。

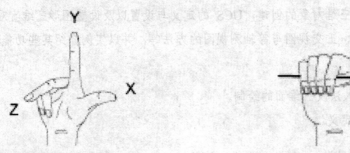
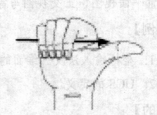

图 1-1　确定 Z 轴的正方向　　　　　　　　图 1-2　确定三维空间中绕坐标轴旋转的正方向

3．用户坐标系（UCS）

用户坐标系为移动坐标系。用户可以定义一个坐标系：改变原点的位置以及 XY 平面和 Z 轴的方向。可在 AutoCAD 的三维空间中任何位置定位和定向 UCS，也可随时定义、保存和使用多个用户坐标系。

移动坐标系对于输入坐标、建立绘图平面和设置视图非常有用。

1.1.2　三维坐标形式

在绘制三维图形时，经常采用坐标输入法来确定图形的形状和位置。AutoCAD 提供了三种坐标输入方法：三维笛卡儿坐标输入法、球面坐标输入法和柱面坐标输入法。

1．三维笛卡儿坐标

三维笛卡儿坐标输入法是指当命令行出现"指定点"的提示后，直接输入：

指定点的三个坐标值"x，y，z"。三个坐标值之间用逗号隔开，三个坐标值依次分别表示 X，Y，Z 三坐标轴方向的坐标。

例如输入坐标"10,20,30"，表示指定点位于沿 X 轴正方向 10 个单位，沿 Y 轴正方向 20 个单位，沿 Z 轴正方向 30 个单位。

三维笛卡儿坐标也有相对坐标的输入形式，例如输入坐标"@100,200,300"，表示所指定点与上个输入点相比较 x 增量为 100 个单位，y 增量为 200 个单位，z 增量为 300 个单位。

2．球面坐标

球面坐标输入法是指当命令行出现"指定点"的提示后，直接输入：

指定点与当前坐标系原点的距离，两者连线在 XY 平面上的投影与 X 轴的夹角，以及两者连线与 XY 平面的夹角，并在二项之间用 "<" 号隔开。

例如输入坐标 "100<45<30"，表示指定点与当前坐标系原点的距离为 100 个单位，两者连线在 XY 平面的投影与 X 轴的夹角为 45°，两者连线与 XY 平面的夹角为 30°。

球面坐标也有相对坐标输入形式，例如输入坐标 "@100<45<30"，表示指定点与上个输入点的距离为 100 个单位，两者连线在 XY 平面上的投影与 X 轴的夹角为 45°，两者连线与 XY 平面的夹角为 30°。

3．柱面坐标

柱面坐标输入法是指命令行出现 "指定点" 的提示后，直接输入：

指定点与当前坐标系原点连线在 XY 平面上的投影长度，该投影与 X 轴的夹角以及该点垂直于 XY 平面的 Z 坐标值，并在前两个项之间用 "<" 号隔开，后两个项之间用逗号隔开。

例如输入坐标 "100<45，90"，表示指定点与坐标系原点连线在 XY 平面上的投影长度为 100 个单位，其投影与 X 轴正方向的夹角为 45°，该点垂直于 XY 平面的 Z 坐标值为 90。

柱面坐标也有相对坐标输入形式，例如输入坐标 "@100<45，30"，表示指定点与上个输入点的连线在 XY 平面上的投影长为 100 个单位，该投影与 X 轴正方向的夹角为 45° 且 Z 轴的距离为 30 个单位。

1.2 创建简单的三维对象

AutoCAD 2010 提供了多种三维对象的绘制方法，如三维点、三维线、三维面等。下面介绍简单三维对象的创建方法。

1.2.1 确定三维点

确定三维点的方法较多，有输入坐标（笛卡儿坐标、球面坐标和柱面坐标）、设置当前高度、利用对象捕捉和使用点过滤器等方法。

1．输入坐标

在指定点时使用输入坐标方式，只须根据已知条件，选用前述几种坐标中的某一种输入待定点的相应坐标即可。

2．设置当前高度

如果在指定点时没有提供其 Z 坐标，AutoCAD 将自动指定缺省值，即当前高度为其 Z

坐标。因此可以通过改变当前高度的方法来设置缺省的 Z 坐标值。

（1）行命令方法。

在命令行输入"elev"（按<Enter>键）。

（2）令行提示。

命令：elev

指定新的默认标高 <0>: 指定距离或按<Enter>键。

指定新的默认厚度 <10>: 指定距离或按<Enter>键。

系统将把用户指定的高度值作为缺省的 Z 坐标值。

3．利用对象捕捉

可以像二维绘图一样，利用对象捕捉的方式来确定三维点。此时，无论当前高度为多少，AutoCAD 将自动使用被捕捉点的 X，Y，Z 坐标值。在三维视图中使用对象捕捉时，应避免多个目标点重合的视图。例如捕捉圆柱体某一底面中心点时，不要使用与圆柱体底面平行的平面视图，因为在该视图上圆柱体两底面的中心点是重合的。

4．使用点过滤器

AutoCAD 系统提供了点过滤器，可以从已有对象的点上提取独立的 X，Y 和 Z 坐标或其组合。利用这一方法可以通过已知点来确定未知点。

（1）执行方式。

1）使用"点过滤器"快捷菜单。

2）在命令行输入".x，.y、.xy，.xz 或.yz"（按<Enter>键）。

（2）命令行提示。

1）使用"点过滤器"快捷菜单。

①按下键盘<Shift>键，同时单击鼠标右键，弹出快捷菜单，如图 1-3 所示。

图 1-3　"点过滤器"快捷菜单及子菜单

②单击"点过滤器"子菜单中的相应命令，获取相应的坐标值。

2）命令行。

命令：.x (或.y，.xy，.xz .yz)

在任意定位点的提示下，可以输入".x，.y，.xy，.xz 或 .yz"，通过提取几个点的 X，Y 和 Z 值来指定单个坐标。用户在确定某个三维点时，可以先使用".xy"过滤器来确定某点的 X，Y 坐标，然后输入 Z 坐标值或使用".z"过滤器来得到该点的 Z 坐标，从而得到了一个新的三维点。

1.2.2　创建三维多段线

三维多段线是三维空间中由直线段组成的多段线。创建三维多段线与二维多段线类似，区别在于三维多段线的节点为三维点，且三维多段线的宽度不可变。

1. 执行命令的方法

（1）单击菜单栏中的"绘图"→"三维多段线"命令。

（2）在命令行输入"3dpoly"命令，按<Enter>键确认。

2. 命令行提示

命令:3dpoly

指定多段线的起点: 指定点。

指定直线的端点或 [放弃(U)]: 指定点或输入选项，按<Enter>键。

指定直线的端点或 [放弃(U)]: 指定点或输入选项，按<Enter>键。

指定直线的端点或 [关闭(C)/放弃(U)]: 指定点或输入选项，按<Enter>键。

用户选择"放弃（U）"选项取消最后绘制的一段线，并从前一节点开始重新绘制；选择"关闭（C）"选项将最后一个节点与起点连接起来，形成闭合的三维多段线并结束命令。这些选项与二维空间下"line"命令的相应选项操作类似。

1.2.3　创建三维面

三维面是三维空间中任意位置上的三边或四边表面，形成三维面的每个顶点都是三维点。三维面可以组合成复杂的三维曲面。

1. 执行命令的方法

（1）单击"曲面"工具栏中的 （三维面）按钮。

（2）单击菜单栏中的"绘图"→"曲面"→"三维面"命令。

（3）在命令行输入"3dface"命令，按<Enter>键确认。

2．命令行提示

命令：3dface

指定第一点或 [不可见(I)]: 指定点或输入"I"，按<Enter>键。

指定第二点或 [不可见(I)]： 指定点或输入"i"，按<Enter>键。

指定第三点或 [不可见(I) <退出>: 指定点或输入"i"或按<Enter>键。

指定第四点或 [不可见(I) <创建三侧面>: 指定点或输入"i"或按<Enter>键。

系统将重复提示输入第三点和第四点，直到按回车键为止。在重复提示时指定需要的点。

如果用户在指定某点之前选择了"不可见（I）"选项，则该点与下一点之间的连线将不可见。

系统根据用户指定的四个点创建一个三维面对象。需要说明的是，指定的四个点可以不在一个平面上，因此生成的三维面并不一定是平面。

1.2.4　设置对象的厚度

对象厚度是对象向上或向下被拉伸的距离。在 AutoCAD 中，系统会自动为每个对象赋予一个厚度值。正的厚度表示向上（Z 轴正方向）拉伸，负的厚度则表示向下（Z 轴负方向）拉伸，0 厚度表示不拉伸。二维对象缺省厚度为零，如果将其厚度改为一个非 0 的数值，则该二维对象将沿 Z 轴方向被拉伸成为三维对象。

对于新对象，用户可使用"Elev"命令来指定缺省的厚度值，为后续创建的新对象赋予一定的厚度。对于已有的对象，用户可在"特性"对话框中修改"厚度"项的取值，来改变指定对象的厚度。

有些几何对象，如圆、直线、多段线、圆弧、二维实体和点等，其厚度可改变。而三维面、三维多段线、三维多边形网格、文本、属性、标注和视口等对象不能有厚度也不能被拉伸。

下面应用上述三种坐标输入法绘制如图 1-4 所示的三维面，来说明坐标输入法及三维面的绘制。其中，各点坐标为 A（50,50,50）,B（50,50,150）,C（50,150,150）,D（300,150,150）。

1．视图转换

（1）运行 AutoCAD 2010，创建一个新文件。

（2）单击菜单栏中的"视图"→"三维视图"→"西南等轴测"命令，进入西南等轴测绘图模式。

2．绘制三维面

（1）用笛卡儿坐标输入法绘制。在命令行输入"3dface"，命令行提示如下：

命令: 3dface

指定第一点或 [不可见(I)]：　输入 A 点笛卡儿坐标"50,50,50"，按<Enter>键。

指定第二点或 [不可见(I)]：　输入 B 点笛卡儿坐标"50,50,150"，按<Enter>键。

指定第三点或 [不可见(I)] <退出>：　输入 C 点笛卡儿坐标"50,150,150"，按<Enter>键。

指定第四点或 [不可见(I)] <创建三侧面>：　输入 D 点笛卡儿坐标"300,150,150"，按<Enter>键，A 点与 D 点自动相连。

指定第三点或 [不可见(I)] <退出>：　按<Enter>键，结束。

（2）用多种坐标输入法绘制。在命令行输入"3dface"，命令行提示如下：

命令：3dface

指定第一点或 [不可见(I)]：　输入笛卡儿坐标"50,50,50"，按<Enter>键绘制 A 点。

指定第二点或 [不可见(I)]：　输入相对球面坐标"@100<90<90"，按<Enter>键绘制 AB。

指定第三点或 [不可见(I)] <退出>：输入相对柱面坐标"@100<90,0"，按<Enter>键绘制 BC。

指定第四点或 [不可见(I)] <创建三侧面>：　输入相对柱面坐标"@250<0,0"，按<Enter>键，A 点与 D 点自动相连。

指定第三点或 [不可见(I)] <退出>：按<Enter>键，结束。

上述两种绘制方法，结果均如图 1-4 所示。

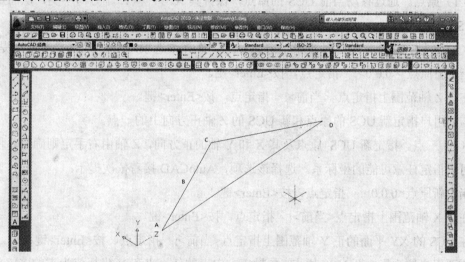

图 1-4　坐标输入法及三维面的绘制

1.3　设置 UCS

世界坐标系(WCS)在计算三维点时存在一定困难，因此并不适于三维应用。用户坐标系(UCS)允许改变 X，Y，Z 轴的位置，在三维绘图时应用较多。

用户绘制三维图形时，为了在形体的不同表面上作图，必须将坐标系设置为当前作图面的方向及位置，UCS 命令可以帮助用户方便、快捷地完成这项工作。

1.3.1 UCS 的定义

定义 UCS 有多种方式，用户需要根据不同的对象选择不同的定义方式。

1. 执行命令的方法

单击"UCS"工具栏中的 ∟（UCS）按钮。

（1）单击菜单栏中的"工具"→"新建 UCS"→子菜单中的相应命令

（2）在命令行输入"UCS"命令后按<Enter>键确认，输入"N"，然后按<Enter>键确认。

2. 命令行提示

命令: ucs

当前 UCS 名称: *俯视*

指定新 UCS 的原点或 [Z 轴(ZA)/三点(3)/对象(OB)/面(F)/视图(V)/X/Y/Z] <0,0,0>:

该提示要求用户确定 UCS 的创建方法:

（1）原点。通过移动当前 UCS 的原点，保持其 X，Y 和 Z 轴方向不变，从而定义新的 UCS。

（2）Z 轴。用特定的 Z 轴正半轴定义 UCS。选择该选项，AutoCAD 接着依次提示:

指定新原点 <0,0,0>: 指定点，按<Enter>键。

在正 Z 轴范围上指定点 <当前>: 指定点，按<Enter>键。

需要用户指定新 UCS 的原点和新 UCS 的 Z 轴正方向上的一点。

（3）三点。指定新 UCS 原点及其 X 和 Y 轴的正方向，Z 轴由右手定则确定。使用此选项可以指定任意可能的坐标系。选择该选项，AutoCAD 接着依次提示:

指定新原点<0,0,0>: 指定点，按<Enter>键。

在正 X 轴范围上指定点<当前>: 指定点，按<Enter>键。

在 UCS 的 XY 平面的正 Y 轴范围上指定点<当前>: 指定点，按<Enter>键。

需要用户依次指定新 UCS 原点、X 轴正方向上的任一点和 Y 坐标值为正的 XY 平面上的任一点。

（4）对象。根据选定三维对象定义新的坐标系。新建 UCS 的拉伸方向（Z 轴正方向）与选定对象的拉伸方向相同。选择该选项，AutoCAD 接着依次提示:

选择对齐 UCS 的对象: 选择对象。

此选项不能用于以下对象: 三维实体、三维多段线、三维网格、视口、多线、面域、样条曲线、椭圆、射线、构造线、引线和多行文字。

对于非三维面的对象，新 UCS 的 XY 平面与绘制该对象时生效的 XY 平面平行。但 X

和 Y 轴可作不同的旋转。

新 UCS 的原点以及 X 轴正方向按表 1-1 所示规则确定，Y 轴方向符合右手规则。

表 1-1 根据对象定义 UCS

对象	确定 UCS 的方法
圆弧	圆弧的圆心成为新 UCS 的原点。X 轴通过距离选择点最近的圆弧端点
圆	圆的圆心成为新 UCS 的原点。X 轴通过选择点
标注	标注文字的中点成为新 UCS 的原点。新 X 轴的方向平行于当绘制该标注时生效的 UCS 的 X 轴
直线	离选择点最近的端点成为新 UCS 的原点。将设置新的 X 轴，使该直线位于新 UCS 的 XZ 平面上。在新 UCS 中，该直线的第二个端点的 Y 坐标为零
点	该点成为新 UCS 的原点
二维多段线	多段线的起点成为新 UCS 的原点。X 轴沿从起点到下一顶点的线段延伸
实体	二维实体的第一点确定新 UCS 的原点。新 X 轴沿前两点之间的连线方向
宽线	宽线的"起点"成为新 UCS 的原点，X 轴沿宽线的中心线方向
三维面	取第一点作为新 UCS 的原点，X 轴沿前两点的连线方向，Y 的正方向取自第一点和第四点。Z 轴由右手定则确定
形、文字、块参照、属性定义	该对象的插入点成为新 UCS 的原点，新 X 轴由对象绕其拉伸方向旋转定义。用于建立新 UCS 的对象在新 UCS 中的旋转角度为零

（5）面。将 UCS 与实体对象的选定面对齐。要选择一个面，请在此面的边界内或面的边上单击，被选中的面将亮显，UCS 的 X 轴将与找到的第一个面上的最近的边对齐。选择该选项，AutoCAD 接着依次提示：

选择实体对象的面：

输入选项[下一个(N)/X 轴反向(X)/Y 轴反向(Y)] <接受>：

各选项的意义如下：

1）下一个。将 UCS 定位于邻接的面或选定边的后向面。

2）X 轴反向——将 UCS 绕 X 轴旋转 180°。

3）Y 轴反向——将 UCS 绕 Y 轴旋转 180°。

4）接受——如果按 ENTER 键，则接受该位置。否则将重复出现提示，直到接受位置为止。

（6）视图。以垂直于观察方向（平行于屏幕）的平面为 XY 平面，建立新的坐标系。UCS 原点保持不变。

（7）X。指定绕 X 轴的旋转角度来得到新的 UCS。

（8）Y。指定绕 Y 轴的旋转角度来得到新的 UCS。

（9）Z。指定绕 Z 轴的旋转角度来得到新的 UCS。

下面通过在一个长方体的上表面定义坐标的实例来说明新坐标系的定义，如图 1-5 所示。

1）运行 AutoCAD 2010，创建一个新文件。

2）单击"视图"→"三维视图"→"西南等轴测"命令，进入西南等轴测绘图模式。

3）单击菜单栏中的"绘图"→"实体"→"长方体"命令，绘制一个 $250 \times 180 \times 120$ 的长方体；点原点<0,0,0>单击菜单栏中的"视图"→"着色"→"消隐"命令，对长方体进行消隐处理，结果如图 1-5（a）所示。

4）单击"UCS"工具栏中的 ⌞ （三点）按钮，命令行提示如下：

命令: ucs

当前 UCS 名称: *俯视*

指定 UCS 的原点或【面（F）/命令（NA）对象（OB）/上一个（P）视图（V）世界（W）/X/Y/Z 轴（ZA）】<世界>：3

指定新原点 <0,0,0>: 捕捉长方体上表面 ABC 的中心点<125,90,0>。

在正 X 轴范围上指定点: 捕捉长方体上表面 AB 边的中点。

在 UCS XY 平面的正 Y 轴范围上指定点: 捕捉长方体上表面 BC 边的中点。

结果如图 1-5（b）所示。

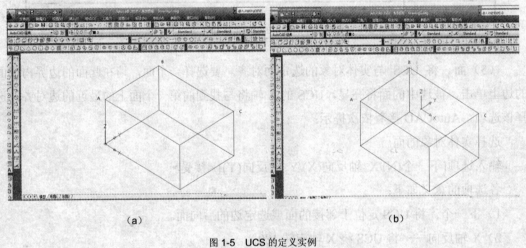

（a）　　　　　　　　　　　　　　　　（b）

图 1-5　UCS 的定义实例

1.3.2　UCS 的设置

UCS 的设置可以通过"UCS"对话框设置，也可以通过"UCS"命令设置。

1. 使用"UCS"对话框进行设置

（1）执行命令的方法：

1）单击"UCS"工具栏中的 ⌞ （视图）按钮或单击"UCS II"工具栏中的 ⌞ （视图）按钮。

2）单击菜单栏中的"工具"→"命名 UCS"命令或单击菜单栏中的"工具"→"正交 UCS"→"预置"命令。

3）在命令行输入"Ucsman"（按<Enter>键）。

（2）命令操作：

执行该命令后，系统弹出"UCS"对话框，如图 1-6 所示。

"UCS"对话框可以显示和修改已定义但未命名的用户坐标系，恢复命名且正交的 UCS，指定视口中 UCS 图标和 UCS 设置，包括三个标签："命名 UCS""正交 UCS"和"设置"。

1）"命名 UCS"标签（见图 1-6）。列出用户坐标系并设置当前 UCS。

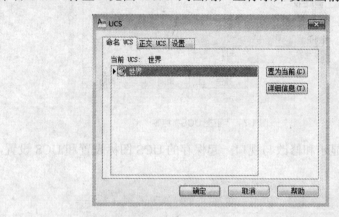

图 1-6　"命名 UCS"标签

① "当前 UCS"选项栏：显示当前 UCS 的名称。

② "UCS 名称"列表：列出当前图形中定义的坐标系。如果有多个视口和多个未命名 UCS 设置，列表将仅包含当前视口的未命名 UCS。指针指向当前的 UCS。

③ "置为当前"按钮：恢复选定的坐标系。要恢复选定的坐标系，可以在列表中双击坐标系的名称，或在此名称上单击鼠标右键，然后选择"置为当前"。当前 UCS 文字将被更新。

④ "详细信息"按钮：显示"UCS 详细信息"对话框，其中显示了 UCS 坐标数据。

2）"正交 UCS"标签（见图 1-7）。将 UCS 改为正交 UCS 设置之一。

① "当前 UCS"选项栏：显示当前 UCS 的名称。

② "正交 UCS 名称"列表：列出当前图形中定义的六个正交坐标系。正交坐标系是根据"相对于"列表中指定的 UCS 定义的。"深度"列出了正交坐标系与通过基准 UCS（存储在 UCSBASE 系统变量中）原点的平行平面之间的距离。

③ "置为当前"按钮：恢复选定的坐标系。要恢复选定的坐标系，可以在列表中双击坐标系的名称，或在此名称上单击鼠标右键，然后选择"置为当前"。

④ "详细信息"按钮：显示"UCS 详细信息"对话框，其中显示了 UCS 坐标数据。

⑤ "相对于"选项框：指定用于定义正交 UCS 的基准坐标系。默认情况下，WCS 是基准坐标系。列出当前图形中的所有已命名 UCS。只要选择"相对于"设置，选定正交 UCS 的原点就会恢复到默认位置。

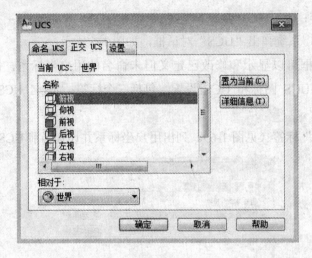

图 1-7   "正交 UCS"标签

3)"设置"标签。显示和修改与视口一起保存的 UCS 图标设置和 UCS 设置，如图 1-8 所示。

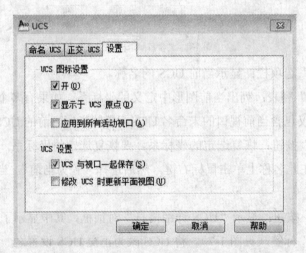

图 1-8   "设置"标签

① "UCS 图标设置"选项栏：指定当前视图的 UCS 图标设置。

② "开"复选框：显示当前视口中的 UCS 图标。

③ "显示于 UCS 原点"复选框：在当前视口中当前坐标系的原点处显示 UCS 图标。如果不选择该选项，或者坐标系原点在视口中不可见，则将在视口的左下角显示 UCS 图标。

④ "应用到所有活动视口"复选框：将 UCS 图标设置应用到当前图形中的所有活动视口。

⑤ "UCS 设置"选项栏：指定当前视口的 UCS 设置。

⑥ "UCS 与视口一起保存"复选框：将坐标系设置与视口一起保存。

⑦ "修改 UCS 时更新平面视图"复选框：修改视口中的坐标系时恢复平面视图。

当对话框关闭时，平面视图和选定的 UCS 设置被恢复。

2．使用"UCS"命令进行设置

使用"UCS"命令可以对 UCS 进行各种设置。

（1）执行命令的方法：

1）单击"UCS"工具栏中的 ⌐ （UCS）按钮或选择"UCS II"工具栏 〔⊕世界 ▾〕下拉列表中的相应命令。

2）在命令行输入"UCS"命令，按<Enter>键确认。

（2）命令操作：

命令: ucs

当前 UCS 名称: *俯视*

指定 UCS 的原点或 〔面(F)/命名(NA)/对象(OB)/上一个(P)/视图(V)/世界(W)/X/Y/Z/Z 轴(ZA)〕<世界>:

输入选项[新建(N)/移动(M)/正交(G)/上一个(P)/恢复(R)/保存(S)/删除(D)/应用(A)/?/世界(W)] <世界>： 输入新建选项"N"，按<Enter>键。

除了其中的"新建（N）"选项之外，其他各选项作用如下：

1）"移动"：通过平移当前 UCS 的原点或修改其 Z 轴深度来重新定义 UCS，但保留其 XY 平面的方向不变。

2）"正交"：指定由 AutoCAD 提供的六个正交 UCS 之一，这六个正交的 UCS 分别为"俯视""仰视""主视""后视""左视"和"右视"。

3）"上一个"：恢复上一个 UCS。程序会保留在图纸空间中创建的最后 10 个坐标系和在模型空间中创建的最后 10 个坐标系。重复"上一个"选项逐步返回一个集或其他集，这取决于哪一空间是当前空间。

4）"恢复"：恢复已保存的 UCS 使它成为当前 UCS。恢复已保存的 UCS 并不重新建立在保存 UCS 时生效的观察方向。

5）"保存"：把当前 UCS 按指定名称保存，名称最多可以包含 255 个字符。

6）"删除"：从已保存的用户坐标系列表中删除指定的 UCS。

7）"应用"：其他视口保存有不同的 UCS 时将当前 UCS 设置应用到指定的视口或所有活动视口。

8）"?"：列出用户定义坐标系的名称，并列出每个保存的 UCS 相对于当前 UCS 的原点以及 X，Y 和 Z 轴。

9）"世界"：将当前用户坐标系设置为世界坐标系。WCS 是所有用户坐标系的基准，不能被重新定义。

需要说明的是，在"UCS II"工具栏中的下拉列表包含了"WCS""上一个"UCS 及六个正交 UCS 等，用户可选择其中某项来实现与"UCS"命令相同的功能。

1.4　设置三维视图

1.4.1　设置查看方向

在 AutoCAD 的三维空间中，用户可通过不同的方向来观察对象。

1．执行命令的方法

（1）单击菜单栏中的"视图"→"三维视图"→"视点预设"命令。

（2）在命令行输入"Ddvpoint"命令，按<Enter>键确认。

2．命令行提示

命令: ddvpoint

执行该命令后，系统将弹出如图 1-9 所示的"视点预置"对话框。在该对话框中，用户可在"自：X 轴"文本框中设置观察角度在 XY 平面上与 X 轴的夹角，在"自：XY 平面"文本框中设置观察角度与 XY 平面的夹角，通过这两个夹角就可以得到一个相对于当前坐标系（WCS 或 UCS）的特定三维视图。

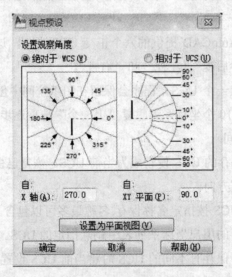

图 1-9　"视点预置"对话框

如果用户单击"设置为平面视图"按钮，则产生相对于当前坐标系的平面视图（即在 XY 平面上与 X 轴夹角为 270°，与 XY 平面夹角为 90°）。

1.4.2　设置图形的三维直观图的查看方向

Vpoint 命令可以将观察者置于一个位置上观察图形，就好像从空间中的一个指定点向原点（0,0,0）方向观察，是一种设置查看方向较为直观的方法。

1．执行命令的方法

（1）单击菜单栏中的"视图"→"三维视图"→"视点"命令。

（2）在命令行输入"Vpoint"（按<Enter>键）。

2．命令行提示

命令: vpoint

当前视图方向: VIEWDIR=0.0000,0.0000,1.0000

指定视点或[旋转(R)]<显示指南针和三轴架>: 指定点，输入 r 或按<Enter>键显示坐标球和三轴架。

正在重生成模型。

用户可直接指定视点坐标，则系统将观察者置于该视点位置上向原点（0,0,0）方向观察图形。

如果用户选择"旋转"选项，则需要分别指定观察视线在 XY 平面中与 X 轴的夹角和观察视线与 XY 平面的夹角，该选项的作用与"ddvpoint"命令相同。

如果用户选择"显示坐标球和三轴架"，则屏幕上将显示如图 1-10 所示的坐标球和三轴架。

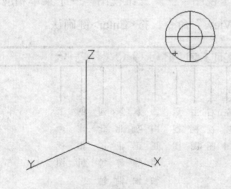

图 1-10　三轴架和坐标球

坐标球表示一个展平了的地球，指南针是球体的二维表现方式。中心点表示北极（0,0,n），内环表示赤道（n,n,0），整个外环表示南极（0,0,-n）。可以使用定点设备将指南针上的小十字光标移动到球体的任意位置上。移动十字光标时，三轴架根据坐标球指示的观察方向旋转。要选择观察方向，请将定点设备移动到球体上的某个位置并单击。

1.4.3　设置平面视图

平面视图是最为常用的一种视图，AutoCAD 提供了快速设置平面视图的命令。

1．执行命令的方法

（1）单击菜单栏中的"视图"→"三维视图"→"平面视图"→子菜单相应命令。

（2）在命令行输入"Plan"命令，按<Enter>键确认。

2．命令行提示

命令: plan

输入选项 [当前 UCS(C)/UCS(U)/世界(W)] <当前 UCS>: 输入选项或按<Enter>键。

其中各选项意义如下：

（1）"当前 UCS"：重新生成平面视图显示，以便使图形范围布满当前 UCS 的当前视口。

（2）"UCS"：修改为以前保存的 UCS 的平面视图并重新生成显示。

（3）"世界"：重新生成平面视图显示以使图形范围布满世界坐标系屏幕。

1.4.4　设置正交视图与等轴测视图

三维模型视图中正交视图和等轴测视图较为常用，AutoCAD 提供了多种设置方法。

1．执行命令的方法

（1）单击"视图"工具栏中的相应按钮，如图 1-11 所示。

（2）单击菜单栏中的"视图"→"三维视图"→子菜单相应命令。

（3）在命令行输入"View"命令，按<Enter>键确认。

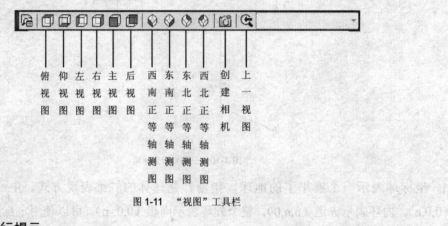

图 1-11　"视图"工具栏

2．命令行提示

命令: view

执行该命令后，系统将弹出如图 1-12 所示的"视图管理器"对话框，在左侧选项卡的列表框中显示了所有的正交视图和等轴测视图。

用户在列表中选择一种视图，单击"置为当前"按钮，就可将选定视图设为当前视图。

"相对于"下拉列表：指定用于定义正交视图的基准坐标系。默认情况下，世界坐标系（WCS）是基准坐标系。

"恢复正交 UCS 和视图"复选框：将正交视图置为当前视图时，恢复关联的 UCS。

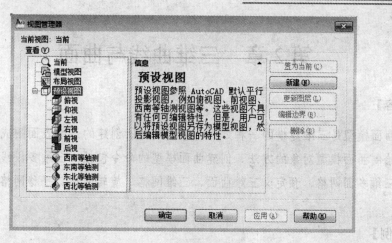

图 1-12 "视图"对话框

思 考 题

1. AutoCAD 提供了哪三种坐标输入方法？
2. 如何创建三维点？
3. 如何创建三维多段线？
4. 如何创建三维面？
5. 如何设置用户坐标系？
6. 如何设置三维视图？

第 2 章　三维曲线与曲面

【内容】

　　三维曲面模型是三维建模的一种方式，它是通过所创建的三维表面围成的立体模型。本章介绍绘制曲面模型对象的方法，创建曲面模型的命令包括：三维多段线、二维填充、三维面、三维多面网格、预定义三维曲面、三维网格、旋转网格、平移网格、直纹网格和边界网格。

【实例】

　　实例 1：绘制垃圾筒。

　　实例 2：绘制无盖多面体盒子。

　　实例 3：绘制起伏的地面。

　　实例 4：绘制凉壶。

　　实例 5：绘制楼梯踏步。

　　实例 6：绘制台灯罩。

　　实例 7：绘制茶壶壶嘴。

　　实例 8：绘制亭子六角形屋面。

【目的】

　　通过本章的学习，用户应熟练掌握 AutoCAD 表面模型的绘制方法和技巧。

2.1　三维多段线

1．功能

　　在三维空间创建多段线，如图 2-1 所示。

2．执行"三维多段线"命令的方法

　　执行"三维多段线"命令的方法如下：

　　（1）单击菜单栏中的"绘图"→"三维多段线"命令。

　　（2）在命令行输入"3dpoly"或别名"3p"，按<Enter>键。

3．绘制三维多段线的方法与过程

　　执行该命令后，命令行提示：

　　指定多段线的起点：指定点（1），按<Enter>键

　　指定直线的端点或 [放弃(U)]：指定点或输入选项

指定直线的端点或 [放弃(U)]： 指定点或输入选项

指定直线的端点或 [闭合(C)/放弃(U)]： 指定点或输入选项

（1）直线的端点。从前一点到新指定的点绘制一条直线。命令提示不断重复，直到按 <Enter>键结束命令为止。

（2）闭合。从最后一点至第一个点绘制一条闭合线，同时结束命令。不能闭合少于两条线段的三维多段线。

（3）放弃。删除最后一段直线，从前一点继续绘图。

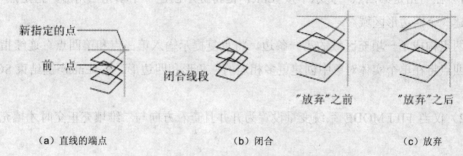

图 2-1 在 AutoCAD 中绘制三维多段线的方法

2.2 由平面产生模型

2.2.1 二维平面片

1. 功能

AutoCAD 命令名为"二维填充"，创建填充的二维三角形和四边形，如图 2-2 所示。

图 2-2 在 AutoCAD 中绘制二维填充的方法

2. 执行"二维填充"命令的方法

执行"二维填充"命令的方法如下：

（1）单击菜单栏中的"绘图"→"建模"→"网格"→"二维填充"命令。

（2）在命令行输入"Solid"（按<Enter>键）。

3. 绘制二维填充的方法与过程

执行该命令后，命令行提示：

指定第一点: 指定点 (1)

指定第二点: 指定点 (2)

前两点定义多边形的一条边。

指定第三点: 在第二点的对角方向指定点 (3)

指定第四点或 <退出>: 指定点 (4) 或按<Enter>键

（1）在"指定第四点"提示下按<Enter>键将提示创建一个填充三角形。指定点（5）可以创建一个四边形区域。

后两点构成下一填充区域的第一条边。将重复提示输入第三点和第四点。连续指定第三和第四点将在单个实体对象中创建更多相连的三角形和四边形。按<Enter>键结束 SOLID 命令。

（2）仅当 FILLMODE 系统变量设置为开并且查看方向与二维填充正交时才填充二维填充。

（3）创建四边形实体填充区域时，第三点和第四点的顺序将决定它的形状。请比较图 2-3 所示的内容。

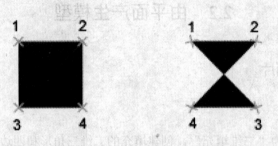

图 2-3　第三点和第四点的顺序将决定四边形二维填充的形状

注意：要创建四边形区域，必须从左向右指定顶部和底部边缘。如果在右侧指定第一点而在左侧指定第二点，那么第三点和第四点也必须从右向左指定。继续指定点对时，请务必持续这种"之"字形顺序以确保得到预期的结果。

2.2.2　三维简单的三角形和四边形平面片

1. 功能

AutoCAD 命令名为"三维面"，在三维空间中的任意位置创建具有三边或四边的平面网格，如图 2-4 所示。

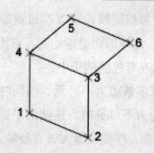

图 2-4 在 AutoCAD 中绘制三维面的方法

2．执行"三维面"命令的方法

执行"三维面"命令的方法如下：

（1）单击菜单栏中的"绘图"→"建模"→"网格"→"三维面"命令。

（2）在命令行输入"3dface"或别名"3f"（按<Enter>键）。

3．绘制三维面的方法与过程

执行该命令后，命令行提示：

指定第一点或 [不可见(I)]：指定点 (1) 或输入 i

（1）第一点。定义三维面的起点。在输入第一点后，可按顺时针或逆时针顺序输入其余的点，以创建普通三维面。如果将所有的四个顶点定位在同一平面上，那么将创建一个类似于面域对象的平面。当着色或渲染对象时，该平面将被填充。

三维面可以组合成复杂的三维曲面。

指定第二点或 [不可见(I)]：指定点 (2) 或输入 i

指定第三点或 [不可见(I)] <退出>：指定点 (3)，输入 i ，或按<Enter>键

指定第四点或 [不可见(I)] <创建三侧面>：指定点 (4)，输入 i ，或按<Enter>键

用户可按<Enter>键或拾取第四点。若按<Enter>键则生成三边平面片，否则生成四边平面片。按<Enter>键或拾取第四点后，系统重复提示将重复显示第三点和第四点提示，直到按<Enter>键为止。在这些重复提示中指定点 5 和点 6。完成输入点后，按<Enter>键。

（2）不可见。控制三维面各边的可见性，以便建立有孔对象的正确模型。在边的第一点之前输入 i 或 invisible 可以使该边不可见，如图 2-5 所示。

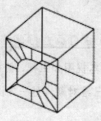

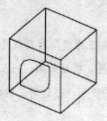

可见边   不可见边

图 2-5 控制三维面各边的可见性

不可见属性必须在使用任何对象捕捉模式、XYZ 过滤器或输入边的坐标之前定义。可以创建所有边都不可见的三维面。这样的面是虚幻面，它不显示在线框图中，但在线框图形中会遮挡形体，三维面确实显示在着色的渲染中。

用户可以设置平面片的一条或多条边为不可见。当同时有好几个平面片相互邻接时，该特性尤为重要。用户设置公共边为不可见时，连续的平面片看起来像一块无缝的曲面。若要是某边不可见，可在选某点之前，在提示输入该点处输入字母 I，然后按<Enter>键。如想仅第三边可见，可在提示输入第三点而选取该点之前按<I>键，再按<Enter>键。使第三边不可见后又继续用"3dface"命令选新的第三或第四点时，"3dface"将自动使得新的三维面（3dface）第一边（共边）为不可见。

用户还可以利用"特性"窗口来设置边的可见性。打开"特性"窗口，选择想要修改的平面，单击想要修改的边，就出现一个下拉列表框。选择"可见"或"隐藏"，如图 2-6 所示。

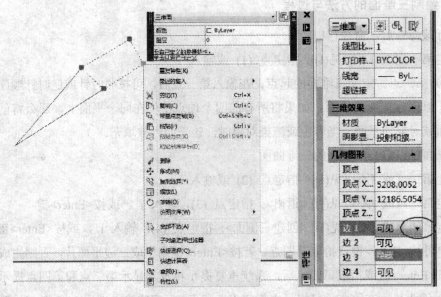

图 2-6　"特性"窗口设置三维面中边的可见性

4. 画图示例

实例 1：绘制垃圾筒。

> **提示**：在绘制三维模型时可以灵活使用"视图"工具栏上的命令方便作图，提高效率：一方面可以利用基本视图如主视、俯视、左视等命令转换方向分别作图，避免 UCS 的使用，且这时二维命令同样适用三维对象；另一方面还可以利用轴测视图方便观察立体效果。

（1）先画下底面小矩形，再偏移生成上底面基础矩形，如图 2-7 所示。

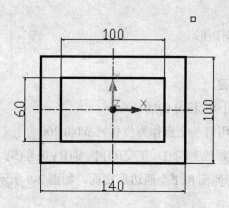

图 2-7　绘制上下底面基础矩形

1）转换视图方向。

命令: _-view　输入选项 [?/删除(D)/正交(O)/恢复(R)/保存(S)/设置(E)/窗口(W)]: _top

2）绘制下底面小矩形。

命令: _rectang

指定第一个角点或 [倒角(C)/标高(E)/圆角(F)/厚度(T)/宽度(W)]: -50,-30

指定另一个角点或 [面积(A)/尺寸(D)/旋转(R)]: 100,60

3）偏移。

命令: _offset

当前设置: 删除源=否　　图层=源　　OFFSETGAPTYPE=0

指定偏移距离或 [通过(T)/删除(E)/图层(L)] <通过>: 20

选择要偏移的对象，或 [退出(E)/放弃(U)] <退出>: 选择下底面矩形

指定要偏移的那一侧上的点，或 [退出(E)/多个(M)/放弃(U)] <退出>: 方向点

选择要偏移的对象，或 [退出(E)/放弃(U)] <退出>: 按<Enter>键

（2）移动生成上底面，如图 2-8 所示。

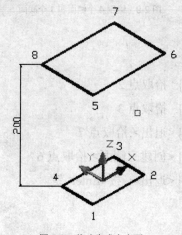

图 2-8　移动生成上底面

命令: _move

选择对象: 选择上底面矩形

找到 1 个

选择对象: 按<Enter>键

指定基点或 [位移(D)] <位移>: 0,0,0

指定第二个点或 <使用第一个点作为位移>: @0,0,200

命令: _-view 输入选项 [?/删除(D)/正交(O)/恢复(R)/保存(S)/设置(E)/窗口(W)]: _swiso

（3）绘制 4 个四边形侧面和 1 个四边形底面，如图 2-9 所示。

1）绘制面 1。

命令: 3dface

指定第一点或 [不可见(I)]: 拾取点 1

指定第二点或 [不可见(I)]: 拾取点 2

指定第三点或 [不可见(I)] <退出>: 拾取点 6

指定第四点或 [不可见(I)] <创建三侧面>: 拾取点 5

指定第三点或 [不可见(I)] <退出>: 按<Enter>键

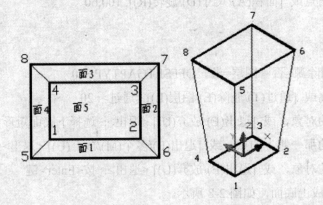

图 2-9　绘制 4 个侧面和 1 个底面

2）绘制面 2。

命令: 3dface

指定第一点或 [不可见(I)]: 拾取点 2

指定第二点或 [不可见(I)]: 拾取点 3

指定第三点或 [不可见(I)] <退出>:拾取点 7

指定第四点或 [不可见(I)] <创建三侧面>:拾取点 6

指定第三点或 [不可见(I)] <退出>: 按<Enter>键

3）绘制面 3。

命令: 3dface

指定第一点或 [不可见(I)]： 拾取点 3

指定第二点或 [不可见(I)]: 拾取点 4

指定第三点或 [不可见(I)] <退出>:拾取点 8

指定第四点或 [不可见(I)] <创建三侧面>:拾取点 7

指定第三点或 [不可见(I)] <退出>:按<Enter>键

4）绘制面 4。

命令: 3dface

指定第一点或 [不可见(I)]: 拾取点 4

指定第二点或 [不可见(I)]: 拾取点 1

指定第三点或 [不可见(I)] <退出>: 拾取点 5

指定第四点或 [不可见(I)] <创建三侧面>: 拾取点 8

指定第三点或 [不可见(I)] <退出>: 按<Enter>键

5）绘制面 5（底面）。

命令: 3dface

指定第一点或 [不可见(I)]: 拾取点 1

指定第二点或 [不可见(I)]: 拾取点 2

指定第三点或 [不可见(I)] <退出>: 拾取点 3

指定第四点或 [不可见(I)] <创建三侧面>: 拾取点 4

指定第三点或 [不可见(I)] <退出>: 按<Enter>键

（4）效果如图 2-10 所示。

命令: _vscurrent

输入选项 [二维线框(2)/三维线框(3)/三维隐藏(H)/真实(R)/概念(C)/其他(O)] <二维线框>:_h

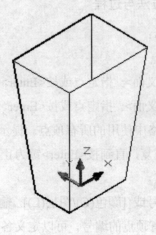

图 2-10　效果图

2.2.3 三维复杂的平面片组

1. 功能

AutoCAD 命令名为"三维多面网格"，逐点创建多面（多边形）网格，每个面可以有多个顶点，如图 2-11 所示。通常情况下，通过应用程序而不是用户直接输入来使用"pface"命令。

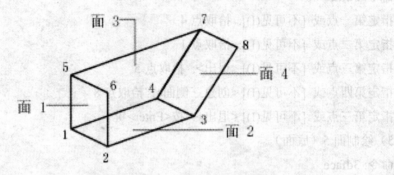

图 2-11 在 AutoCAD 中绘制三维多面网格的方法

"pface"命令生成多个平面片，这些平面片是一个统一的整体。用户可以手工生成任意数目和位置的平面片。这种对象是多段线推广得到的多段面。

"3dface"命令缺陷是生成的曲面只能是 3 条或 4 条边。而"pface"命令可生成多边（可多于 4 条边）曲面，并且多边曲面作为整体处理。

2. 执行"三维多面网格"命令的方法

执行"三维多面网格"命令的方法如下：

在命令行输入"Pface"（按<Enter>键）。

3. 绘制三维多面网格的方法与过程

执行该命令后，命令行提示：

指定顶点 1 的位置：指定点

指定顶点 2 的位置或 <定义面>：指定点或按<Enter>键

指定顶点 n 的位置或 <定义面>：指定点或按<Enter>键

（1）顶点位置。指定在网格中使用的所有顶点。提示中显示的顶点编号表示引用各个顶点的序号。命令提示将不断重复，直到按<Enter>键为止。如果在空行上按<Enter>键，将提示输入要指定到每个面的顶点。

（2）定义面。输入顶点编号或 [颜色(C)/图层(L)]：输入顶点编号或输入选项

1）顶点编号。输入面上所有顶点的编号，可以定义各个面。在提示后按<Enter>键将导致程序提示输入下一个面的顶点编号。定义完最后一个面并在提示后按<Enter>键后，程序

将绘制该网格。

要使一条边不可见，可以为这条边的起始顶点输入负的顶点编号。SPLFRAME 系统变量控制多面网格中不可见边的显示。例如，在图 2-11 中要使顶点 5 和 7 之间的边不可见，可以输入：

面，顶点 3：-7　　　　（-7 为输入值）

在图 2-11 中，顶点 1，5，6 和 2 定义面 1，顶点 1，4，3 和 2 定义面 2，顶点 1，4，7 和 5 定义面 3，顶点 3，4，7 和 8 定义面 4。

将 SPLFRAME 设置为非零值将显示多面网格的任意假想面和所有不可见边，并且可以按照编辑完全可见的多面网格的同一方式来编辑这些面和边，如图 2-12 所示。

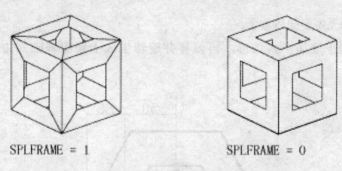

图 2-12　SPLFRAME 系统变量控制多面网格中不可见边的显示

可以创建具有任意边数的多边形。PFACE 将自动使用相应的不可见边将它们打断为多个面对象。只具有一个或两个顶点的面与点或直线对象有类似特征，但不具有"点显示"模式的特殊特性或线型。可以使用它们将线框图像嵌入到网格中。使用"端点"对象捕捉可捕捉到由一个或两个顶点构成的面。所有用于直线对象的对象捕捉模式同样可以处理多面网格的可见边。不能使用 PEDIT 命令编辑多面网格。

2）颜色。使用 PFACE 命令创建的面将采用当前图层和颜色。不同于多段线顶点的是，可以创建具有的不同于上级对象的图层和颜色特性的多面网格面。

新颜色 [真彩色(T)/配色系统(CO)] <随层>：输入标准颜色名或从 1 到 255 的颜色编号，输入 t，输入 co 或按<Enter>键。

可以输入 AutoCAD 颜色索引（颜色名或编号）中的颜色、真彩色或配色系统中的颜色。用户将返回到上一个提示。

3）图层。使用 PFACE 命令创建的面将采用当前图层和颜色。不同于多段线顶点的是，创建的多面网格可以有不同于上级对象的图层和颜色特性。通常情况下，图层可见性将作用于多面网格的各个面。然而，如果在冻结的图层上创建多面网格，程序将不会生成它的任何一个面，包括非冻结图层上的面。

输入图层名 <0>：输入名称或按<Enter>键

用户将返回到上一个提示。

说明："pface"命令特别适合两种情形。一种为想生成多于四条边的曲面（平面片最大边数），由"pface"命令生成的多段面类似有公共不可见边的一系列平面片。小平面之间的不可见边都相交于用户所定的第一个顶点。一种为生成正确面，应确保内部不可见边不相交且不和多段面周边相交。若在此 pface 命令前设置系统变量 SPLFRAME 为 1，用户将看见内部线。为观察多段面的网格，可设置 SPLFRAME 为 1 并选取"regen"命令。

为什么用户先选了顶点还要输入点号呢？原因在于 pface 还用于第二种情况，即生成多个小平面作为一个图元处理。看似独立的各个平面，实际上是作为单一对象处理的。这就可解释为什么 pface 如此设计，为什么先要确定顶点，接着确定用于某一平面的点。

4．画图示例

实例 2：绘制无盖多面体盒子。

（1）先绘制下底面小六边形，再偏移并旋转生成上底面基础六边形，如图 2-13 所示。

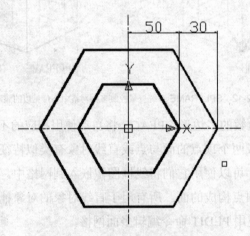

图 2-13 绘制上下底面基础六边形

1）转换视图方向。

命令: _-view 输入选项 [?/正交(O)/删除(D)/恢复(R)/保存(S)/UCS(U)/窗口(W)]: _top 正在重生成模型。

2）绘制下底面小六边形。

命令: _polygon 输入边的数目 <4>: 6

指定多边形的中心点或 [边(E)]:0，0

输入选项 [内接于圆(I)/外切于圆(C)] <I>: 按<Enter>键

指定圆的半径: 50

3）偏移。

命令: _offset

指定偏移距离或 [通过(T)] <通过>: 30

选择要偏移的对象或 <退出>: 按<Enter>键

4）旋转。

命令: _rotate

UCS 当前的正角方向: ANGDIR=逆时针　ANGBASE=0

选择对象: 选择下底面六边形

找到 1 个

选择对象: 按<Enter>键

指定基点: 0,0

指定旋转角度或 [参照(R)]: 30

（2）移动生成上底面，如图 2-14 所示。

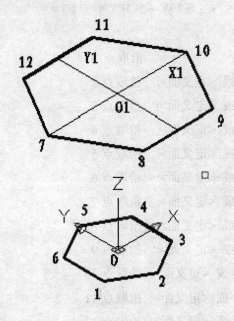

图 2-14　移动生成上底面

命令: _move

选择对象: 选择下底面六边形

找到 1 个

选择对象: 按<Enter>键

指定基点或位移: 0,0,0

指定位移的第二点或 <用第一点作位移>: @0,0,150

命令: _-view 输入选项 [?/正交(O)/删除(D)/恢复(R)/保存(S)/UCS(U)/窗口(W)]:

_swiso 正在重生成模型。

（3）绘制 12 个三角形侧面和 1 个六边形上底面，二维效果如图 2-15 所示。三维效果
如图 2-16 所示。

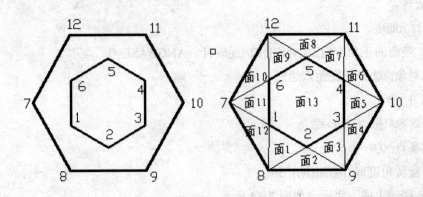

图 2-15　绘制 12 个侧面和 1 个底面

命令: pface

指定顶点 1 的位置:　　　　　　　　　拾取点 1

指定顶点 2 的位置 或 <定义面>:　拾取点 2

指定顶点 3 的位置 或 <定义面>:　拾取点 3

指定顶点 4 的位置 或 <定义面>:　拾取点 4

指定顶点 5 的位置 或 <定义面>:　拾取点 5

指定顶点 6 的位置 或 <定义面>:　拾取点 6

指定顶点 7 的位置 或 <定义面>:　拾取点 7

指定顶点 8 的位置 或 <定义面>:　拾取点 8

指定顶点 9 的位置 或 <定义面>:　拾取点 9

指定顶点 10 的位置 或 <定义面>: 拾取点 10

指定顶点 11 的位置 或 <定义面>: 拾取点 11

指定顶点 12 的位置 或 <定义面>: 拾取点 12

指定顶点 13 的位置 或 <定义面>: 按<Enter>键

面 1，顶点 1:

输入顶点编号或 [颜色(C)/图层(L)]:　<对象捕捉 关> 1

面 1，顶点 2:

输入顶点编号或 [颜色(C)/图层(L)] <下一个面>: 2

面 1，顶点 3:

输入顶点编号或 [颜色(C)/图层(L)] <下一个面>: 8

面 1，顶点 4:

输入顶点编号或 [颜色(C)/图层(L)] <下一个面>: 按<Enter>键

面 2，顶点 1:

输入顶点编号或 [颜色(C)/图层(L)]: 2

面 2，顶点 2：

输入顶点编号或 [颜色(C)/图层(L)] <下一个面>: 8

面 2，顶点 3：

输入顶点编号或 [颜色(C)/图层(L)] <下一个面>: 9

面 2，顶点 4：

输入顶点编号或 [颜色(C)/图层(L)] <下一个面>: 按<Enter>键

面 3，顶点 1：

输入顶点编号或 [颜色(C)/图层(L)]: 2

面 3，顶点 2：

输入顶点编号或 [颜色(C)/图层(L)] <下一个面>: 3

面 3，顶点 3：

输入顶点编号或 [颜色(C)/图层(L)] <下一个面>: 9

面 3，顶点 4：

输入顶点编号或 [颜色(C)/图层(L)] <下一个面>: 按<Enter>键

面 4，顶点 1：

输入顶点编号或 [颜色(C)/图层(L)]: 3

面 4，顶点 2：

输入顶点编号或 [颜色(C)/图层(L)] <下一个面>: 9

面 4，顶点 3：

输入顶点编号或 [颜色(C)/图层(L)] <下一个面>: 10

面 4，顶点 4：

输入顶点编号或 [颜色(C)/图层(L)] <下一个面>: 按<Enter>键

面 5，顶点 1：

输入顶点编号或 [颜色(C)/图层(L)]: 3

面 5，顶点 2：

输入顶点编号或 [颜色(C)/图层(L)] <下一个面>: 4

面 5，顶点 3：

输入顶点编号或 [颜色(C)/图层(L)] <下一个面>: 10

面 5，顶点 4：

输入顶点编号或 [颜色(C)/图层(L)] <下一个面>: 按<Enter>键

面 6，顶点 1：

输入顶点编号或 [颜色(C)/图层(L)]: 4

面 6，顶点 2：

输入顶点编号或 [颜色(C)/图层(L)] <下一个面>: 10

面 6，顶点 3：

输入顶点编号或 [颜色(C)/图层(L)] <下一个面>: 11

面 6，顶点 4：

输入顶点编号或 [颜色(C)/图层(L)] <下一个面>: 按<Enter>键

面 7，顶点 1：

输入顶点编号或 [颜色(C)/图层(L)]: 4

面 7，顶点 2：

输入顶点编号或 [颜色(C)/图层(L)] <下一个面>: 5

面 7，顶点 3：

输入顶点编号或 [颜色(C)/图层(L)] <下一个面>: 11

面 7，顶点 4：

输入顶点编号或 [颜色(C)/图层(L)] <下一个面>: 按<Enter>键

面 8，顶点 1：

输入顶点编号或 [颜色(C)/图层(L)]: 5

面 8，顶点 2：

输入顶点编号或 [颜色(C)/图层(L)] <下一个面>: 11

面 8，顶点 3：

输入顶点编号或 [颜色(C)/图层(L)] <下一个面>: 12

面 8，顶点 4：

输入顶点编号或 [颜色(C)/图层(L)] <下一个面>: 按<Enter>键

面 9，顶点 1：

输入顶点编号或 [颜色(C)/图层(L)]: 5

面 9，顶点 2：

输入顶点编号或 [颜色(C)/图层(L)] <下一个面>: 6

面 9，顶点 3：

输入顶点编号或 [颜色(C)/图层(L)] <下一个面>: 12

面 9，顶点 4：

输入顶点编号或 [颜色(C)/图层(L)] <下一个面>: 按<Enter>键

面 10，顶点 1：

输入顶点编号或 [颜色(C)/图层(L)]: 6

面 10，顶点 2：

输入顶点编号或 [颜色(C)/图层(L)] <下一个面>: 7

面 10，顶点 3：

输入顶点编号或 [颜色(C)/图层(L)] <下一个面>: 12

面 10，顶点 4:

输入顶点编号或 [颜色(C)/图层(L)] <下一个面>: 按<Enter>键

面 11，顶点 1:

输入顶点编号或 [颜色(C)/图层(L)]: 1

面 11，顶点 2:

输入顶点编号或 [颜色(C)/图层(L)] <下一个面>: 6

面 11，顶点 3:

输入顶点编号或 [颜色(C)/图层(L)] <下一个面>: 7

面 11，顶点 4:

输入顶点编号或 [颜色(C)/图层(L)] <下一个面>: 按<Enter>键

面 12，顶点 1:

输入顶点编号或 [颜色(C)/图层(L)]: 1

面 12，顶点 2:

输入顶点编号或 [颜色(C)/图层(L)] <下一个面>: 7

面 12，顶点 3:

输入顶点编号或 [颜色(C)/图层(L)] <下一个面>: 8

面 12，顶点 4:

输入顶点编号或 [颜色(C)/图层(L)] <下一个面>: 按<Enter>键

面 13，顶点 1:

输入顶点编号或 [颜色(C)/图层(L)]: 1

面 13，顶点 2:

输入顶点编号或 [颜色(C)/图层(L)] <下一个面>: 2

面 13，顶点 3:

输入顶点编号或 [颜色(C)/图层(L)] <下一个面>: 3

面 13，顶点 4:

输入顶点编号或 [颜色(C)/图层(L)] <下一个面>: 4

面 13，顶点 5:

输入顶点编号或 [颜色(C)/图层(L)] <下一个面>: 5

面 13，顶点 6:

输入顶点编号或 [颜色(C)/图层(L)] <下一个面>: 6

面 13，顶点 7:

输入顶点编号或 [颜色(C)/图层(L)] <下一个面>: 按<Enter>键

面 14，顶点 1:

输入顶点编号或 [颜色(C)/图层(L)]: 按<Enter>键

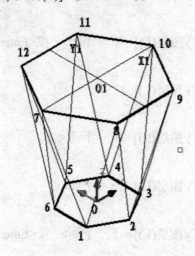

图 2-16 三维效果

（4）效果，如图 2-17 所示。

命令: _vscurrent

输入选项 [二维线框(2)/三维线框(3)/三维隐藏(H)/真实(R)/概念(C)/其他(O)] <三维线框>: _h

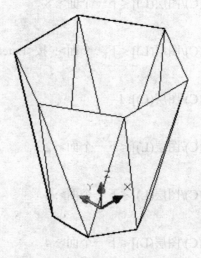

图 2-17 效果

2.3 由预定义三维曲面产生模型

1. 功能

预定义三维曲面包括：框（长方体表面）、圆锥体、下半球体、上半球体、网格、棱锥面、球体、圆环体、楔体表面。

2．执行"预定义三维曲面"命令的方法

执行"预定义三维曲面"命令的方法如下：

在命令行输入"3D"（按<Enter>键）。

3．绘制预定义三维曲面的方法与过程

执行该命令后，命令行提示：

[框(B)/圆锥体(C)/下半球体(DI)/上半球体(DO)/网格(M)/棱锥面(P)/球体(S)/圆环体(T)/楔体表面(W)]:

输入选项

（1）框。创建三维长方体表面多边形网格，如图 2-18 所示。

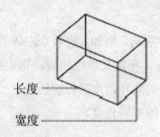
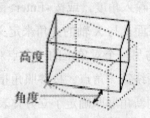
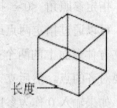

图 2-18 在 AutoCAD 中绘制框的方法

指定角点给长方体表面:

指定长度给长方体表面: 指定距离

指定长方体表面的宽度或 [立方体(C)]: 指定距离或输入 c

1）宽度。指定长方体表面的宽度。相对于长方体表面的角点输入一个距离或指定一个点。

指定高度给长方体表面: 指定距离

指定长方体表面绕 Z 轴旋转的角度或 [参照(R)]: 指定角度或输入 r

①旋转角度。绕长方体表面的第一个指定角点旋转长方体表面。如果输入 0，那么立方体表面保持与当前 X 和 Y 轴正交。

②参照。将立方体表面与图形中的其他对象对齐，或按指定的角度旋转。旋转的基点是立方体表面的第一个角点。

指定参照角 <0>: 指定点，输入角度，或按<Enter>键

可以通过指定两点或 XY 平面上与 X 轴的夹角来定义参照角。例如，旋转立方体表面，使立方体表面上的两个指定点与另一个对象上的一个点对齐。在定义参照角后，指定参照角要对齐的点。然后立方体表面绕第一角点、按参照角指定的旋转角度进行旋转。

如果输入 0 作为参照角，则新角度即确定了立方体表面的旋转角度。

指定新角度: 指定点或输入角度

要指定新的旋转角度，请相对于基点指定一个点。旋转的基点是立方体表面的第一个角点。长方体表面按参照角度和新角度之一旋转。如果要使立方体表面与另一个对象对齐，那么需要在目标对象上指定两点，以定义旋转立方体表面的新角度。

如果旋转的参照角度为 0，那么长方体表面以相对其第一角点输入的角度旋转。

2）立方体。创建一个长、宽和高都相等的立方体表面。

指定长方体表面绕 Z 轴旋转的角度或 [参照(R)]:指定角度或输入 r

①旋转角度。绕立方体表面的第一角点旋转立方体表面。如果输入 0，那么立方体表面保持与当前 X 和 Y 轴正交。

②参照。将立方体表面与图形中的其他对象对齐，或按指定的角度旋转。旋转的基点是立方体表面的第一个角点。

指定参照角 <0>: 指定点，输入角度，或按<Enter>键

可以通过指定两点或 XY 平面上与 X 轴的夹角来定义参照角。例如，旋转立方体表面，使立方体表面上的两个指定点与另一个对象上的一个点对齐。在定义参照角后，指定参照角要对齐的点。然后立方体表面绕第一角点、按参照角指定的旋转角度进行旋转。

如果输入 0 作为参照角，则新角度即确定了立方体表面的旋转角度。

指定新角度: 指定点或输入角度

要指定新的旋转角度，请相对于基点指定一个点。旋转的基点是立方体表面的第一个角点。立方体表面按参照角和新角度之一旋转。如果要使立方体表面与另一个对象对齐，那么需要在目标对象上指定两点，以定义旋转立方体表面的新角度。

如果参照的旋转角度为 0，那么立方体表面以相对其第一角点输入的角度距离旋转。

（2）圆锥体。创建圆锥状多边形网格，如图 2-19 所示。

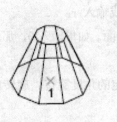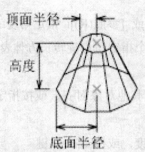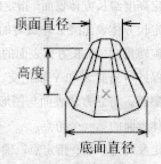

图 2-19　在 AutoCAD 中绘制圆锥体的方法

指定圆锥体底面的中心点: 指定点 (1)

指定圆锥体底面的半径或 [直径(D)]: 指定距离或输入 d

1）底面半径。用半径定义圆锥体的底面。

指定圆锥体顶面的半径或 [直径(D)] <0>: 指定距离，输入 d，或按<Enter>键

①面半径。用半径定义圆锥体的顶面。值为 0 则生成圆锥。值大于 0 则生成圆台。

指定圆锥体的高度: 指定距离

输入圆锥体曲面的线段数目 <16>: 输入大于 1 的值或按<Enter>键

②顶面直径。用直径定义圆锥体的顶面。值为 0 则生成圆锥。值大于 0 则生成圆台。

指定圆锥体顶面的直径 <0>: 指定距离或按<Enter>键

指定圆锥体的高度: 指定距离

输入圆锥体曲面的线段数目 <16>: 输入大于 1 的值或按<Enter>键

2）底面直径。用直径定义圆锥体的底面。

指定圆锥体底面的直径: 指定距离

指定圆锥体顶面的半径或 [直径(D)] <0>: 指定距离，输入 d ，或按<Enter>键

①顶面半径。用半径定义圆锥体的顶面。值为 0 则生成圆锥。值大于 0 则生成圆台。

指定圆锥体的高度: 指定距离

输入圆锥体曲面的线段数目 <16>: 输入大于 1 的值或按<Enter>键

②顶面直径。用直径定义圆锥体的顶面。值为 0 则生成圆锥。值大于 0 则生成圆台。

指定圆锥体顶面的直径 <0>: 指定距离

指定圆锥体的高度: 指定距离

输入圆锥体曲面的线段数目 <16>: 输入大于 1 的值或按<Enter>键

（3）下半球体。创建球状多边形网格的下半部分，如图 2-20 所示。

指定中心点给下半球体: 指定点 (1)

指定下半球体的半径或 [直径(D)]: 指定距离或输入 d

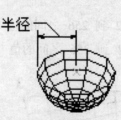
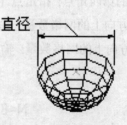

图 2-20　在 AutoCAD 中绘制下半球体的方法

1）半径。用半径定义下半球体。

输入曲面的经线数目给下半球体 <16>: 输入大于 1 的值或按<Enter>键

输入曲面的纬线数目给下半球体 <8>: 输入大于 1 的值或按<Enter>键

2）直径。用直径定义下半球体。

指定直径给下半球体: 指定距离

输入曲面的经线数目给下半球体 <16>: 输入大于 1 的值或按<Enter>键

输入下半球体曲面的纬线数目 <8>: 输入大于 1 的值或按<Enter>键

（4）上半球体。创建球状多边形网格的上半部分，如图 2-21 所示。

图 2-21　在 AutoCAD 中绘制上半球体的方法

指定中心点给上半球体: 指定点 (1)

指定上半球体的半径或 [直径(D)]: 指定距离或输入 d

1）半径。用半径定义上半球体。

输入曲面的经线数目给上半球体: 输入大于 1 的值或按<Enter>键

输入曲面的纬线数目给上半球体 <8>: 输入大于 1 的值或按<Enter>键

2）直径。用直径定义上半球体。

指定直径给上半球体: 指定距离

输入曲面的经线数目给上半球体 <16>: 输入大于 1 的值或按<Enter>键

输入曲面的纬线数目给上半球体 <8>: 输入大于 1 的值或按<Enter>键

（5）网格。创建平面网格，如图 2-22 所示。其 M 向和 N 向的大小决定了沿这两个方向绘制的直线数目。M 向和 N 向与 XY 平面的 X 和 Y 轴类似。

指定网格的第一角点: 指定点 (1)

指定网格的第二角点: 指定点 (2)

指定网格的第三角点: 指定点 (3)

指定网格的第四角点: 指定点 (4)

输入 M 方向上的网格数量: 输入 2 到 256 之间的值

输入 N 方向上的网格数量: 输入 2 到 256 之间的值

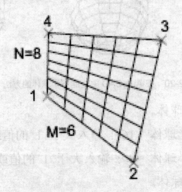

图 2-22　在 AutoCAD 中绘制网格的方法

（6）棱锥面。创建一个棱锥面或四面体表面，如图 2-23 所示。

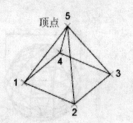

图 2-23 在 AutoCAD 中绘制棱锥面的方法

指定棱锥面底面的第一角点: 指定点 (1)

指定棱锥面底面的第二角点: 指定点 (2)

指定棱锥面底面的第三角点: 指定点 (3)

指定棱锥面底面的第四角点或 [四面体(T)]: 指定点 (4) 或输入 t

1) 第四角点。定义了棱锥面底面的第四个角点。

指定棱锥面的顶点或 [棱(R)/顶面(T)]: 指定点 (5) 或输入选项

指定点的 Z 值确定棱锥面的顶点、顶面或棱线。

①顶点。将棱锥面的顶面定义为点（顶点）。

②棱。将棱锥面的顶面定义为棱。棱的两个端点的顺序必须和基点的方向相同，以避免出现自交线框。

指定棱锥面棱的第一端点: 指定点 (1)

指定棱锥面棱的第二端点: 指定点 (2)

③上。将棱锥的顶面定义为矩形。如果顶面的点交叉，那么将创建自交的多边形网格。

指定顶面的第一个角点给棱锥面: 指定点

指定顶面的第二个角点给棱锥面: 指定点

指定顶面的第三个角点给棱锥面: 指定点

指定顶面的第四个角点给棱锥面: 指定点

2) 四面体表面。创建四面体表面多边形网格。

指定四面体表面的顶点或 [顶面(T)]: 指定点或输入 t

①顶点。将四面体表面的顶面定义为点（顶点）。

②上。将四面体表面的顶面定义为三角形。如果顶面的点交叉，那么将创建自交的多边形网格。

指定顶面的第一角点给四面体表面: 指定点 (1)

指定顶面的第二角点给四面体表面: 指定点 (2)

指定顶面的第三角点给四面体表面: 指定点 (3)

（7）球体。创建球状多边形网格，如图 2-24 所示。

指定中心点给球体: 指定点 (1)

指定球体的半径或 [直径(D)]: 指定距离或输入 d

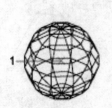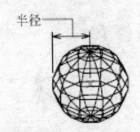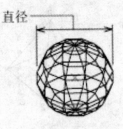

图 2-24　在 AutoCAD 中绘制球体的方法

1）半径。用半径定义球体。

输入曲面的经线数目给球体 <16>: 输入大于 1 的值或按<Enter>键

输入曲面的纬线数目给球体 <16>: 输入大于 1 的值或按<Enter>键

2）直径。用直径定义球体。

指定直径给球体: 指定距离

输入曲面的经线数目给球体 <16>: 输入大于 1 的值或按<Enter>键

输入曲面的纬线数目给球体 <16>: 输入大于 1 的值或按<Enter>键

（8）圆环体。创建与当前 UCS 的 XY 平面平行的圆环状多边形网格，如图 2-25 所示。

指定圆环体的中心点: 指定点 (1)

指定圆环体的半径或 [直径(D)]: 指定距离或输入 d

圆环体的半径是指从圆环体中心到最外边的距离，而不是到圆管中心的距离。

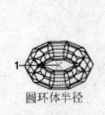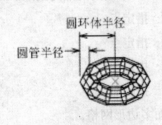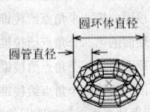

图 2-25　在 AutoCAD 中绘制圆环体的方法

1）半径。用半径定义圆环体。

指定圆管半径或 [直径(D)]: 指定距离或输入 d

圆环体的圆管半径是指从圆管的中心到其最外边的距离。

①半径。用半径定义圆管。

输入环绕圆管圆周的线段数目 <16>: 输入大于 1 的值或按<Enter>键

输入环绕圆环体圆周的线段数目 <16>: 输入大于 1 的值或按<Enter>键

②直径。用直径定义圆管。

指定圆管的直径: 指定距离

输入环绕圆管圆周的线段数目 <16>: 输入大于 1 的值或按<Enter>键

输入环绕圆环体圆周的线段数目 <16>: 输入大于 1 的值或按<Enter>键

2）直径。用直径定义圆环体。

指定圆环体的直径: 指定距离

指定圆管半径或 [直径(D)]: 指定距离或输入 d

圆环体的圆管半径是指从圆管的中心到其最外边的距离。

①半径。用半径定义圆管。

输入环绕圆管圆周的线段数目 <16>: 输入大于 1 的值或按<Enter>键

输入环绕圆环体圆周的线段数目 <16>: 输入大于 1 的值或按<Enter>键

②径。用直径定义圆管。

指定圆管的直径: 指定距离

输入环绕圆管圆周的线段数目 <16>: 输入大于 1 的值或按<Enter>键

输入环绕圆环体圆周的线段数目 <16>: 输入大于 1 的值或按<Enter>键

（9）楔体表面。创建一个直角楔状多边形网格，其斜面沿 X 轴方向倾斜，如图 2-26 所示。

指定角点给楔体表面: 指定点 (1)

指定长度给楔体表面: 指定距离

指定楔体表面的宽度: 指定距离

指定高度给楔体表面: 指定距离

指定楔体表面绕 Z 轴旋转的角度: 指定角度

旋转的基点是楔体表面的角点。如果输入 0，那么楔体表面保持与当前 UCS 平面正交。

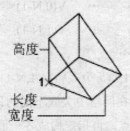

图 2-26   在 AutoCAD 中绘制楔体表面的方法

2.4   由三维网格产生模型

1. 功能

该命令用矩阵来定义一个多边形网格面，该矩阵大小由指定的 M 向和 N 向网格数决定

（先定义点阵的数量，再输入点）。"三维网格"命令可以生成复杂的表面模型，如图2-27所示。

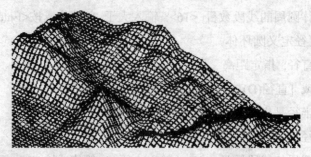

图 2-27　在 AutoCAD 中绘制三维网格的样例

2．执行"三维网格"命令的方法

执行"三维网格"命令的方法如下：

单击菜单栏中的"绘图"→"建模"→"网格"→"三维网格"命令。

在命令行输入"3dmesh"（按<Enter>键）。

3．绘制三维网格的方法与过程

执行该命令后，命令行提示：

输入 M 方向上的网格大小：指定 M 的大小（从 2 到 256 之间的整数）。

输入 N 方向上的网格大小：指定 N 的大小（从 2 到 256 之间的整数）。

指定顶点的位置 (0，0)：按提示指定顶点，指定最后一个顶点即完成网格的创建

（1）使用三维 MESH 命令可以建立一个 M×N 个顶点的三维多边形网格面。在上述操作过程中，M 和 N 值必须输入，其最大值是 256。一个多边形网格有 M×N 个顶点，若用 V(i,j)表示各顶点，各顶点构成一个矩阵：

$$V(0,0) \qquad V(0,1) \qquad \cdots \qquad V(0,N\text{-}1)$$

$$V(1,0) \qquad V(1,1) \qquad \cdots \qquad V(1,N\text{-}1)$$

$$\cdots\cdots$$

$$V(M\text{-}1,0) \qquad V(M\text{-}1,1) \qquad \cdots \qquad V(M\text{-}1,N\text{-}1)$$

该命令首先指定各顶点，然后在网格中关联不同的顶点以形成一个或多个面，多面网格可作为一个单元来编辑（先输入点，再指定构成各个面的点的序号）。

输入顶点时从点（0，0）开始，先输入第 1 行，再输入第 2 行，一次一行，依次类推。各顶点可以是二维点也可以是三维点。各顶点之间的距离可以任意。

输入 M 方向上的网格数量：输入 2 至 256 之间的值

输入 N 方向上的网格数量：输入 2 至 256 之间的值

指定顶点的位置 (0，0)：输入二维或三维坐标

网格中每个顶点的位置由 m 和 n（即顶点的行列坐标）定义。定义顶点首先从顶点 (0,0)

开始。在指定行 m+1 上的顶点之前，必须先提供行 m 上的每个顶点的坐标位置。

顶点之间可以是任意距离。网格的 M 和 N 方向由它的顶点位置决定。

（2）3DMESH 多边形网格通常在 M 和 N 两个方向上都是开放的，可以用 PEDIT 命令闭合此网格，如图 2-28 所示。

图 2-28　多边形网格的的开放和闭合

（3）系统变量 SURFU 和 SURFV 用于控制曲面拟合时曲面顶点在 M 和 N 方向上的精确度，如图 2-29 所示。

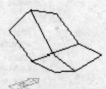

网格 M 值：2　　网格 M 值：2　　网格 M 值：3
网格 N 值：2　　网格 N 值：3　　网格 N 值：3

图 2-29　多边形网格不同 M 和 N 值的样例

（4）可以用不同 Z 坐标点生成多边形网格面，一般而言，曲面将呈锯齿形，除非 Z 坐标变化缓慢。由于多边形网格是一条多段线，用户可用"Pedit"命令修改锯齿形 3D 网格使之光滑。

SURFTYPE 用于控制用平滑选项拟合的曲面的类型。Pedit 中"SURFTYPE"选项可根据系统变量 SURFTYPE 的值生成如表 2-1 所示的三种曲面类型。

表 2-1　系统变量 SURFTYPE 与生成曲面类型对应表

SURFTYPE 值	生成曲面类型
5	二次 B 样条曲面
6	三次 B 样条（缺省）曲面
7	Bezier 曲面

SURFTYPE 值越大，生成曲面越光滑。用户光滑 3D 网格时，实际上是用 SURFTYPE 确定的方程组计算得到的顶点组成网格，替换原始 3D 多边形网格。替换网格的密度由系统变量 SURFU 和 SURFV 控制（等效于 3DMESH 命令中 M 和 N）。

技巧：用户光滑多边形网格时，应设置大于或等于 M 和 N 的 SURFU 和 SURFV

值。否则，完成曲面光滑后会发现顶点数变少了。

为编辑多边形网格的顶点，用户可用关键点或"Pedit"命令中的"Edit vertex"选项。若多边形网格已经光滑过，则用户必须编辑原始 3D 网格顶点和样条框架以影响已光滑面。用关键点编辑时，样条框架自动显示。若用户不用关键点编辑而想看光滑 3D 网格的样条框架时，可设置 SPLFRAME 为 1 并选取"Regen"命令。

当用户想改变用 Pedit 的平滑曲面功能生成的曲面类型或光滑网格的顶点数时，DDMODIFY 命令非常适合。选择多边形网格后，用户可看到如图 2-30 所示的"特性"对话框。

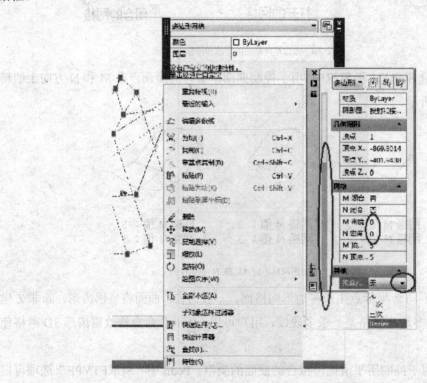

图 2-30　三维网格"特性"对话框

若想改变生成的光滑曲面类型，可在"Fit/Smooth"栏中选择 None（无），Quadraic（二次），Cubic（三次）或 Bezier。这些设置对应系统变量 SURFTYPE 的不同值。若要改变点的密度，可改变"网格"栏中"M 密度"和"N 密度"值。"M 密度"和"N 密度"对应系统变量 SURFU 和 SURFV。

（5）在实际绘图时，直接指定三维网格的每一个顶点是一种既浪费时间又枯燥的事情。所以应尽量使用其他命令，如 RULESURF，REVSURFV，TABSURF 和 EDGESURF。三维 MESH 命令主要是在 AutoLISP 和 ADS 中编程使用，一般用户可以使用三维命令。

4．画图示例

实例 3：绘制起伏的地面。

（1）绘制地面模型三维网格，如图 2-31、图 2-32 所示。

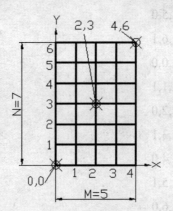

图 2-31　三维网格顶点位置

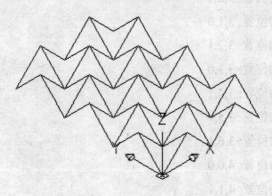

图 2-32　绘制地面模型的三维网格

命令: _3dmesh

输入 M 方向上的网格数量: 5

输入 N 方向上的网格数量: 7

指定顶点 (0, 0) 的位置: 0,0,0

指定顶点 (0, 1) 的位置: 0,1,1

指定顶点 (0, 2) 的位置: 0,2,0

指定顶点 (0, 3) 的位置: 0,3,1

指定顶点 (0, 4) 的位置: 0,4,0

指定顶点 (0, 5) 的位置: 0,5,1

指定顶点 (0, 6) 的位置: 0,6,0

指定顶点 (1, 0) 的位置: 1,0,1

指定顶点 (1, 1) 的位置: 1,1,0

指定顶点 (1, 2) 的位置: 1,2,1

指定顶点 (1, 3) 的位置: 1,3,0

指定顶点 (1, 4) 的位置: 1,4,1

指定顶点 (1, 5) 的位置: 1,5,0

指定顶点 (1, 6) 的位置: 1,6,1

指定顶点 (2, 0) 的位置: 2,0,0

指定顶点 (2, 1) 的位置: 2,1,1

指定顶点 (2, 2) 的位置: 2,2,0

指定顶点 (2, 3) 的位置: 2,3,1

指定顶点 (2, 4) 的位置: 2,4,0

指定顶点 (2, 5) 的位置: 2,5,1

指定顶点 (2, 6) 的位置: 2,6,0

指定顶点 (3, 0) 的位置: 3,0,1

指定顶点 (3, 1) 的位置: 3,1,0

指定顶点 (3, 2) 的位置: 3,2,1

指定顶点 (3, 3) 的位置: 3,3,0

指定顶点 (3, 4) 的位置: 3,4,1

指定顶点 (3, 5) 的位置: 3,5,0

指定顶点 (3, 6) 的位置: 3,6,1

指定顶点 (4, 0) 的位置: 4,0,0

指定顶点 (4, 1) 的位置: 4,1,1

指定顶点 (4, 2) 的位置: 4,2,0

指定顶点 (4, 3) 的位置: 4,3,1

指定顶点 (4, 4) 的位置: 4,4,0

指定顶点 (4, 5) 的位置: 4,5,1

指定顶点 (4, 6) 的位置: 4,6,0

（2）编辑三维网格，使之平滑，如图 2-33 所示。

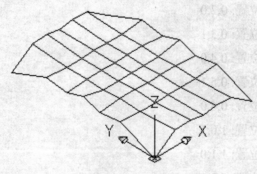

图 2-33　平滑编辑

命令: pedit

选择多段线或 [多条(M)]: 选择网格

输入选项 [编辑顶点(E)/平滑曲面(S)/非平滑(D)/M 向关闭(M)/N 向关闭(N)/放弃(U)]: s

正在生成线段 2...

输入选项 [编辑顶点(E)/平滑曲面(S)/非平滑(D)/M 向关闭(M)/N 向关闭(N)/放弃(U)]:
按<Enter>键

（3）改变网格的光滑程度，如图 2-34、图 2-35 所示。

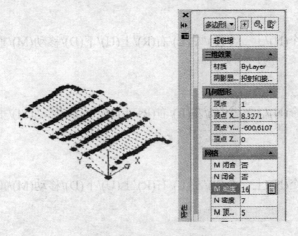

图 2-34 设置 M 和 N 密度来改变网格的光滑程度

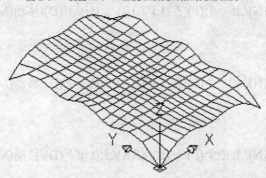

图 2-35 设置 M 和 N 密度后光滑效果

（4）编辑生成山峰，如图 2-36 所示。

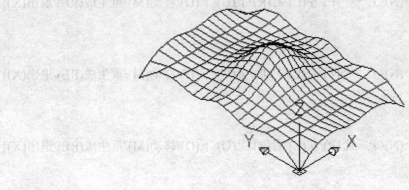

图 2-36 编辑生成山峰

命令: pedit

选择多段线或 [多条(M)]: 选择网格

输入选项 [编辑顶点(E)/平滑曲面(S)/非平滑(D)/M 向关闭(M)/N 向关闭(N)/放弃(U)]: e

当前顶点 (0,0)。

输入选项 [下一个(N)/上一个(P)/左(L)/右(R)/上(U)/下(D)/移动(M)/重生成(RE)/退出(X)] <N>: n

当前顶点 (0,1)。

输入选项 [下一个(N)/上一个(P)/左(L)/右(R)/上(U)/下(D)/移动(M)/重生成(RE)/退出(X)] <N>:按<Enter>键

当前顶点 (0,2)。

输入选项 [下一个(N)/上一个(P)/左(L)/右(R)/上(U)/下(D)/移动(M)/重生成(RE)/退出(X)] <N>: 按<Enter>键

当前顶点 (0,3)。

输入选项 [下一个(N)/上一个(P)/左(L)/右(R)/上(U)/下(D)/移动(M)/重生成(RE)/退出(X)] <N>: 按<Enter>键

当前顶点 (0,4)。

输入选项 [下一个(N)/上一个(P)/左(L)/右(R)/上(U)/下(D)/移动(M)/重生成(RE)/退出(X)] <N>: 按<Enter>键

当前顶点 (0,5)。

输入选项 [下一个(N)/上一个(P)/左(L)/右(R)/上(U)/下(D)/移动(M)/重生成(RE)/退出(X)] <N>: 按<Enter>键

当前顶点 (0,6)。

输入选项 [下一个(N)/上一个(P)/左(L)/右(R)/上(U)/下(D)/移动(M)/重生成(RE)/退出(X)] <N>: 按<Enter>键

当前顶点 (1,0)。

输入选项 [下一个(N)/上一个(P)/左(L)/右(R)/上(U)/下(D)/移动(M)/重生成(RE)/退出(X)] <N>: 按<Enter>键

当前顶点 (1,1)。

输入选项 [下一个(N)/上一个(P)/左(L)/右(R)/上(U)/下(D)/移动(M)/重生成(RE)/退出(X)] <N>: 按<Enter>键

当前顶点 (1,2)。

输入选项 [下一个(N)/上一个(P)/左(L)/右(R)/上(U)/下(D)/移动(M)/重生成(RE)/退出(X)] <N>:

当前顶点 (1,3)。

输入选项 [下一个(N)/上一个(P)/左(L)/右(R)/上(U)/下(D)/移动(M)/重生成(RE)/退出(X)] <N>: 按<Enter>键

当前顶点 (1,4)。

输入选项 [下一个(N)/上一个(P)/左(L)/右(R)/上(U)/下(D)/移动(M)/重生成(RE)/退出(X)] <N>: 按<Enter>键

当前顶点 (1,5)。

输入选项 [下一个(N)/上一个(P)/左(L)/右(R)/上(U)/下(D)/移动(M)/重生成(RE)/退出(X)] <N>: 按<Enter>键

当前顶点 (1,6)。

输入选项 [下一个(N)/上一个(P)/左(L)/右(R)/上(U)/下(D)/移动(M)/重生成(RE)/退出(X)] <N>: 按<Enter>键

当前顶点 (2,0)。

输入选项 [下一个(N)/上一个(P)/左(L)/右(R)/上(U)/下(D)/移动(M)/重生成(RE)/退出(X)] <N>:

当前顶点 (2,1)。

输入选项 [下一个(N)/上一个(P)/左(L)/右(R)/上(U)/下(D)/移动(M)/重生成(RE)/退出(X)] <N>: 按<Enter>键

当前顶点 (2,2)。

输入选项 [下一个(N)/上一个(P)/左(L)/右(R)/上(U)/下(D)/移动(M)/重生成(RE)/退出(X)] <N>: 按<Enter>键

当前顶点 (2,3)。

输入选项 [下一个(N)/上一个(P)/左(L)/右(R)/上(U)/下(D)/移动(M)/重生成(RE)/退出(X)] <N>: m

指定标记顶点的新位置: 2,3,3   （输入新坐标）

正在生成线段 2...

当前顶点 (2,3)。

输入选项 [下一个(N)/上一个(P)/左(L)/右(R)/上(U)/下(D)/移动(M)/重生成(RE)/退出(X)] <N>: x

输入选项 [编辑顶点(E)/平滑曲面(S)/非平滑(D)/M 向关闭(M)/N 向关闭(N)/放弃(U)]: 按<Enter>键

（5）渲染效果如图 2-37 所示。

命令: _render 使用当前视图。

已选择缺省场景。

完成 100%，第 351 行，共 351 行扫描线

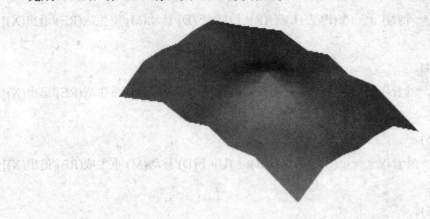

图 2-37　渲染效果
图 2-37　渲染效果

（6）实际网格显示，如图 2-38 所示。

命令: pedit

选择多段线或 [多条(M)]: 选择网格

输入选项 [编辑顶点(E)/平滑曲面(S)/非平滑(D)/M 向关闭(M)/N 向关闭(N)/放弃(U)]: d

输入选项 [编辑顶点(E)/平滑曲面(S)/非平滑(D)/M 向关闭(M)/N 向关闭(N)/放弃(U)]:
按<Enter>键

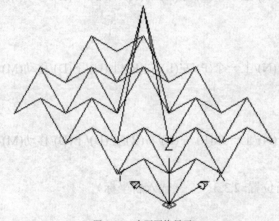

图 2-38　实际网格显示

2.5　由线产生模型

2.5.1　旋转网格

1. 功能

该命令通过将路径曲线或剖面（直线、圆、圆弧、椭圆、椭圆弧、闭合多段线、多边

形、闭合样条曲线或圆环等，又称母线）绕选定的轴旋转构造一个近似于旋转网格的多边形网格，如图 2-39 所示。

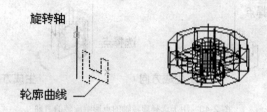

图 2-39 在 AutoCAD 中绘制旋转网格的方法

2．执行"旋转网格"命令的方法

执行"旋转网格"命令的方法如下：

单击菜单栏中的"绘图"→"建模"→"网格"→"旋转网格"命令。

在命令行输入"Revsurf"（按<Enter>键）。

3．绘制旋转网格的方法与过程

执行该命令后，命令行提示：

当前线框密度：SURFTAB1=当前值　　SURFTAB2=当前值

选择要旋转的对象：选择一条直线、圆弧、圆或二维、三维多段线

选择定义旋转轴的对象：选择一个直线或开放的二维、三维多段线

指定起点角度 <0>：输入一个值或按<Enter>键

指定包含角 (+=逆时针, -=顺时针) <360>：输入一个值或按<Enter>键

（1）路径曲线围绕选定的轴旋转定义曲面。路径曲线定义曲面网格的 N 方向。可选择圆或闭合的多段线作为路径曲线，这样可以在 N 方向上闭合网格。

（2）从多段线第一个顶点到最后一个顶点的矢量决定了旋转轴。中间的任意顶点都将被忽略。旋转轴决定了网格的 M 方向。

（3）起点角度。如果设置为非零值，平面将从生成路径曲线位置的某个偏移处开始旋转。

（4）包含角度。指定平面绕旋转轴旋转的角度。

指定一个起点角度，将以这个起点角度作为生成路径曲线的偏移开始旋转表面。包含角度是路径曲线绕轴旋转的角度。

输入一个小于整圆的包含角度可以避免生成闭合的圆。

（5）用于选择旋转轴的点影响旋转的方向，如图 2-40 所示。

（6）生成的网格的密度由 SURFTAB1 和 SURFTAB2 系统变量控制。在旋转的方向上绘制网格线构造 SURFTAB1 分段。如果路径曲线是一条直线、圆弧、圆或样条曲线拟合多段线，网格线将以 SURFTAB2 等分。如果路径曲线是一条多段线并且没有样条曲线拟合，

网格线将绘制在直线段的端点处，并且每个圆弧都被等分为 SURFTAB2 指定的分段，如图 2-41 所示。

图 2-40   用于选择旋转轴的点影响旋转的方向

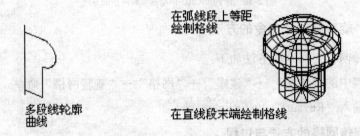

图 2-41   网格的密度构造

（7）在上述操作过程中，其中旋转对象和旋转轴必须事先绘出，旋转对象可以是直线、圆弧、圆、椭圆、椭圆弧、多边形、样条曲线、二维多段线以及三维多段线等，对于复杂的形状，可用直线、圆弧、多段线等画出轨迹线（注意各端点相连），然后用 PEDIT 命令把它们连接在一起作为一个完整的轨迹线。

旋转轴可以是直线、二维多段线以及三维多段线。当旋转轴指定为多段线时，则多段线首尾两个端点的连线作为旋转轴。曲面构造完成后可以把旋转轴擦掉。

旋转的起始角是指旋转角的起始位置与旋转对象的夹角。对于旋转对象的包含角，输入正值为逆时针旋转，输入负值为顺时针旋转，默认值为 360°。

4．画图示例

实例 4：绘制凉壶。

（1）设置图层：设置中心线层（center）、细实线层（continuous）。

（2）以（0，0，0）为基准点画基准线搭架子，如图 2-42 所示。

命令：_-view 输入选项 [?/正交(O)/删除(D)/恢复(R)/保存(S)/UCS(U)/窗口(W)]: _top

正在重生成模型。（先绘制水平面基准线）

命令:_line 指定第一点: 0,0

指定下一点或 [放弃(U)]: 100,0

指定下一点或 [放弃(U)]: 按<Enter>键

命令:'_zoom

指定窗口角点，输入比例因子 (nX 或 nXP)，或

[全部(A)/中心点(C)/动态(D)/范围(E)/上一个(P)/比例(S)/窗口(W)] <实时>: _e 正在重生成模型

命令: _array

选择对象: 选择直线（0，0）-（100，0）

找到 1 个

选择对象: 按<Enter>键

输入阵列类型 [矩形(R)/环形(P)] <P>: 按<Enter>键

指定阵列中心点: 0,0

输入阵列中项目的数目: 4

指定填充角度 (+=逆时针, -=顺时针) <360>: 按<Enter>键

是否旋转阵列中的对象？[是(Y)/否(N)] <Y>: 按<Enter>键

命令: _-view 输入选项 [?/正交(O)/删除(D)/恢复(R)/保存(S)/UCS(U)/窗口(W)]: _front 正在重生成模型（再绘制高度基准线）

命令: _line 指定第一点: 0,0

指定下一点或 [放弃(U)]: 0,120

指定下一点或 [放弃(U)]: 按<Enter>键

命令: _-view 输入选项 [?/正交(O)/删除(D)/恢复(R)/保存(S)/UCS(U)/窗口(W)]: _swiso 正在重生成模型

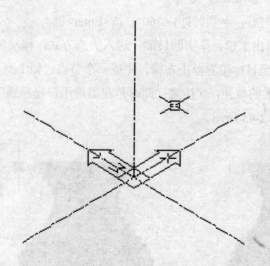

图 2-42　在 AutoCAD 中绘制三维模型的基准线（搭架子）

（3）先绘制回转面的母线（相连接的一段曲线和一段直线，再用 PEDIT 命令编辑成一完整的多段线，具体过程略）；再输入系统变量名 Surftab1 输入值 30；输入系统变量名 Surftab2 输入值 18，定纬线数和经线数；再旋转为旋转面，如图 2-43 所示。

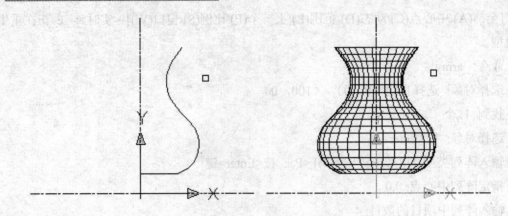

图 2-43　绘制旋转面母线并旋转为旋转面

命令: surftab1

输入 SURFTAB1 的新值 <6>: 30

命令: surftab2

输入 SURFTAB2 的新值 <6>: 18

命令: _revsurf

当前线框密度: SURFTAB1=30　SURFTAB2=18

选择要旋转的对象: 选择回转面的母线

选择定义旋转轴的对象: 选择回转轴

指定起点角度 <0>: 按<Enter>键

指定包含角 (+=逆时针, -=顺时针) <360>: 按<Enter>键

（4）夹点拉伸编辑出水口。单击回转面，进入夹点方式，移动鼠标至要调整定额节点上单击左键，移动鼠标至目标位置单击左键，完成一个节点（如 1 到 P）的拉伸。重复操作完成其他点（如 2 到 P）的拉伸，（注意：此时是在当前用户坐标系下，平行 XY 平面的面上移动）如图 2-44、图 2-45 所示。

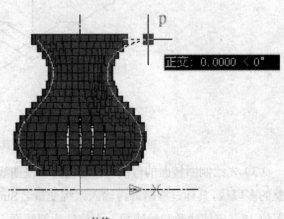

选择夹点　　　　　　　　　　　　　拉伸

图 2-44　夹点拉伸

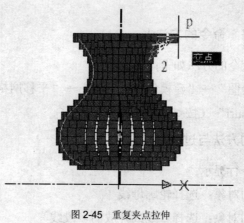

图 2-45　重复夹点拉伸

命令：

** 拉伸 **

指定拉伸点或 [基点(B)/复制(C)/放弃(U)/退出(X)]:

命令：

** 拉伸 **

指定拉伸点或 [基点(B)/复制(C)/放弃(U)/退出(X)]:

命令：

** 拉伸 **

指定拉伸点或 [基点(B)/复制(C)/放弃(U)/退出(X)]:

（5）效果如图 2-46 所示。

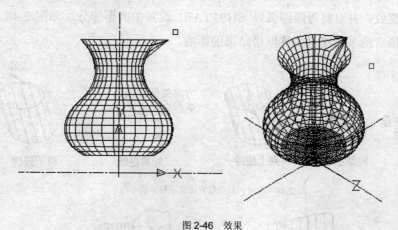

图 2-46　效果

2.5.2　平移网格

1. 功能

该命令可以沿指定的方向矢量平移（又称拉伸）一条路径线（又称母线），创建出一个延展曲面。

2．执行"平移网格"命令的方法

执行"平移网格"命令的方法如下：

单击菜单栏中的"绘图"→"建模"→"网格"→"平移网格"命令。

在命令行输入"Tabsurf"（按<Enter>键）。

3．绘制平移网格的方法与过程

执行该命令后，命令行提示：

选择用作轮廓曲线的对象：选择轮廓母线

选择用作方向矢量的对象：选择直线或开放的多段线

（1）路径曲线（即平移母线）定义多边形网格的曲面，它可以是直线、圆弧、圆、椭圆、二维或三维多段线。AutoCAD 从路径曲线上离选定点最近的一点开始绘制曲面。

（2）对于方向矢量，AutoCAD 只考虑多段线的第一点和最后一点，而忽略中间的顶点。方向矢量指出图形的拉伸方向和长度。在多段线或直线上选定的端点决定了拉伸的方向。被用作方向矢量的多段线用粗实线绘制，以帮助用户查看方向矢量是如何影响柱面构造的，如图 2-47 所示。

（3）TABSURF 构造一个 2×n 的多边形网格，此处 n 由 SURFTAB1 系统变量确定。网格的 M 方向一直为 2 并且沿着方向矢量的方向。N 方向沿着路径曲线的方向。如果路径曲线为直线、圆弧、圆、椭圆或样条拟合多段线，AutoCAD 绘制以 SURFTAB1 设置的间距等分路径曲线的平移网格。如果路径曲线是未经样条拟合的多段线，AutoCAD 将在线段的端点绘制柱面直纹，并且将每段圆弧以 SURFTAB1 设置的间距等分。如图 2-48 所示为路径曲线是否为拟合的多段线对平移网格结果的影响。

图 2-47　选定的端点位置决定了拉伸的方向

图 2-48　路径曲线是否为拟合的多段线对平移网格结果的影响

4．画图示例

实例 5：绘制楼梯踏步。

（1）设置图层：设置中心线层（center）、细实线层（continuous）。

（2）以（0，0，0）为基准点画基准线搭架子（同图 2-42 所示）。

（3）绘制栏板体的拉伸矩形母面和踏步面的平移母线，如图 2-49 所示。

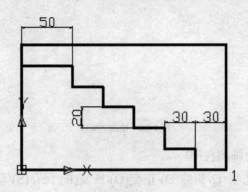

图 2-49 绘制栏板体的拉伸矩形母面和踏步面的平移母线

转换视图方向：转为左视图

命令：_-view 输入选项 [?/删除(D)/正交(O)/恢复(R)/保存(S)/设置(E)/窗口(W)]: _left 正在重生成模型

命令：_rectang

指定第一个角点或 [倒角(C)/标高(E)/圆角(F)/厚度(T)/宽度(W)]: 0,0

指定另一个角点或 [面积(A)/尺寸(D)/旋转(R)]: 200,120

命令：_pline

指定起点:拾取点 1

当前线宽为 0.0000

指定下一个点或 [圆弧(A)/半宽(H)/长度(L)/放弃(U)/宽度(W)]: @-30,0

指定下一点或 [圆弧(A)/闭合(C)/半宽(H)/长度(L)/放弃(U)/宽度(W)]: @0,20

指定下一点或 [圆弧(A)/闭合(C)/半宽(H)/长度(L)/放弃(U)/宽度(W)]: @-30,0

指定下一点或 [圆弧(A)/闭合(C)/半宽(H)/长度(L)/放弃(U)/宽度(W)]: @0,20

指定下一点或 [圆弧(A)/闭合(C)/半宽(H)/长度(L)/放弃(U)/宽度(W)]: @-30,0

指定下一点或 [圆弧(A)/闭合(C)/半宽(H)/长度(L)/放弃(U)/宽度(W)]: @0,20

指定下一点或 [圆弧(A)/闭合(C)/半宽(H)/长度(L)/放弃(U)/宽度(W)]: @-30,0

指定下一点或 [圆弧(A)/闭合(C)/半宽(H)/长度(L)/放弃(U)/宽度(W)]: @0,20

指定下一点或 [圆弧(A)/闭合(C)/半宽(H)/长度(L)/放弃(U)/宽度(W)]: @-30,0

指定下一点或 [圆弧(A)/闭合(C)/半宽(H)/长度(L)/放弃(U)/宽度(W)]: @0,20

指定下一点或 [圆弧(A)/闭合(C)/半宽(H)/长度(L)/放弃(U)/宽度(W)]: @-50,0

指定下一点或 [圆弧(A)/闭合(C)/半宽(H)/长度(L)/放弃(U)/宽度(W)]: 按<Enter>键

（4）绘制栏板体，如图 2-50 所示。

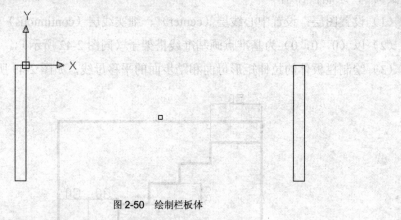

图 2-50　绘制栏板体

转换视图方向：转为轴测视图

命令：_-view　输入选项 [?/删除(D)/正交(O)/恢复(R)/保存(S)/设置(E)/窗口(W)]: _swiso

正在重生成模型

命令：_extrude

当前线框密度：ISOLINES=4

选择要拉伸的对象：拾取矩形

找到 1 个

选择要拉伸的对象：按<Enter>键

指定拉伸的高度或 [方向(D)/路径(P)/倾斜角(T)]: 20

命令：_-view　输入选项 [?/删除(D)/正交(O)/恢复(R)/保存(S)/设置(E)/窗口(W)]: _top 正

在重生成模型

命令：_copy

选择对象：拾取左侧栏板体

找到 1 个

选择对象：按<Enter>键

指定基点或 [位移(D)] <位移>: 0,0

指定第二个点或 <使用第一个点作为位移>: @500,0

指定第二个点或 [退出(E)/放弃(U)] <退出>: 按<Enter>键

（5）绘制踏步面，如图 2-51、图 2-52 所示。

命令：_-view　输入选项 [?/删除(D)/正交(O)/恢复(R)/保存(S)/设置(E)/窗口(W)]: _swiso

正在重生成模型

命令：_line 指定第一点：拾取点 2

指定下一点或 [放弃(U)]: 拾取点 3

指定下一点或 [放弃(U)]: 按<Enter>键

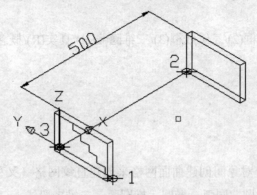

图 2-51 绘制作为方向矢量的直线

命令: _tabsurf

当前线框密度: SURFTAB1=6

选择用作轮廓曲线的对象: 拾取点 1 开始的多段线

选择用作方向矢量的对象: 拾取直线 1~2

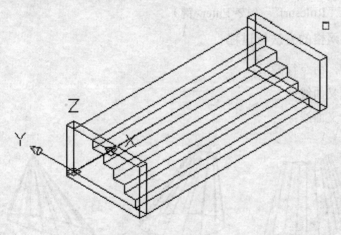

图 2-52 绘制平移网格生成踏步面

（6）效果如图 2-53 所示。

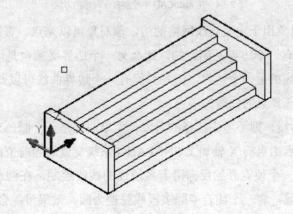

图 2-53 绘制平移网格

命令: _vscurrent

输入选项 [二维线框(2)/三维线框(3)/三维隐藏(H)/真实(R)/概念(C)/其他(O)] <三维隐藏>: _h

2.5.3 直纹网格

1．功能

该命令可以在两个对象间创建曲面网格来创建直纹网格（又称为规则曲面）。这两个对象可以是直线、点、圆、圆弧、椭圆、椭圆弧、二维多段线、三维多段线或样条曲线等。但两个对象必须同时闭合或非闭合，如图 2-54 所示。

2．执行"直纹网格"命令的方法

执行"直纹网格"命令的方法如下：

单击菜单栏中的"绘图"→"建模"→"网格"→"直纹网格"命令。

在命令行输入"Rulesurf"（按<Enter>键）。

3．绘制直纹网格的方法与过程

执行该命令后，命令行提示：

选择第一条定义曲线：

选择第二条定义曲线：

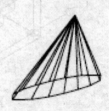

直纹曲面样例

图 2-54　在 AutoCAD 中绘制直纹网格的方法

（1）所选择的对象用于定义直纹网格的边，该对象可以是点、直线、样条曲线、圆、圆弧或多段线。如果有一个边界是闭合的，那么另一个边界必须也是闭合的。可以将一个点作为开放或闭合曲线的另一个边界，但是只能有一个边界曲线可以是一个点。（0,0）顶点是每条最靠近曲线选择点的曲线的端点。

（2）对于闭合曲线，则不考虑选择的对象。如果曲线是一个圆，直纹网格从 0 度象限点开始绘制，此象限点由当前 X 轴加上 SNAPANG 系统变量的当前值决定。对于闭合多段线，直纹网格从最后一个顶点开始反向沿着多段线的线段绘制。在圆和闭合多段线之间创建直纹网格将搞乱直纹，将一个闭合半圆多段线替换为圆，效果可能会好一些。

（3）直纹网格以 2×N 多边形网格的形式构造。RULESURF 将网格的一半顶点沿着一条定义好的曲线均匀放置，将另一半顶点沿着另一条曲线均匀放置。等分数目由 SURFTAB1 系统变量决定，对每一条曲线都是如此处理，因此如果两条曲线的长度不同，那么这两条曲线上的顶点间的距离也不同。

网格的 N 方向与边界曲线的方向相同。如果两个边界都是闭合的，或者一个边界是闭合的而另一个边界是一个点，那么得出的多边形网格在 N 方向上闭合，并且 N 等于 SURFTAB1。如果两个边界都是开放的，则 N 等于 SURFTAB1 + 1。因为曲线等分为 n 份，所以需要有 n + 1 条分界线。

（4）如果在同一端选择对象，则创建多边形网格；如果在两个对端选择对象，则创建自交的多边形网格。如图 2-55 所示为选择对象的位置对直纹网格结果的影响。

同一端选择对象　　　　　　　　　　　　两个对端选择对象

图 2-55　选择对象的位置对直纹网格结果的影响

4．画图示例

实例 6：绘制台灯罩。

（1）设置图层：设置中心线层（center）、细实线层（continuous）。

（2）以（0，0，0）为基准点画基准线搭架子（同图 2-42 所示）。

（3）绘制如图 2-56 所示的辅助圆及灯罩的尖角图形，再将尖角复制 36 份，形成灯罩的底面图形。

1）转换视图方向。

命令：_-view 输入选项 [?/正交(O)/删除(D)/恢复(R)/保存(S)/UCS(U)/窗口(W)]: _top
正在重生成模型

2）绘制辅助线。

命令: _circle 指定圆的圆心或 [三点(3P)/两点(2P)/相切、相切、半径(T)]: 0,0

<对象捕捉 开>

指定圆的半径或 [直径(D)]: 80

命令: _offset

指定偏移距离或 [通过(T)] <通过>: 8

选择要偏移的对象或 <退出>: 选择半径 80 圆

指定点以确定偏移所在一侧: 方向点

选择要偏移的对象或 <退出>: 按<Enter>键

3）绘制灯罩的 1 个尖角图形。

命令: _array

选择对象: 选择直线（0，0）—（100，0）

找到 1 个

选择对象: 按<Enter>键

输入阵列类型 [矩形(R)/环形(P)] <P>: 按<Enter>键

指定阵列中心点: <对象捕捉 开> 0，0

输入阵列中项目的数目: 3

指定填充角度 (+=逆时针, -=顺时针) <360>: 10

是否旋转阵列中的对象？[是(Y)/否(N)] <Y>: 按<Enter>键

命令: _line 指定第一点: 选择灯罩的尖角图形点 1

指定下一点或 [放弃(U)]: 选择灯罩的尖角图形点 2

指定下一点或 [放弃(U)]: 选择灯罩的尖角图形点 3

指定下一点或 [闭合(C)/放弃(U)]: 按<Enter>键

命令: _erase

选择对象: 指定对角点: 找到 2 个

选择对象: 找到 1 个，总计 3 个

选择对象: 找到 1 个，总计 4 个

选择对象: 找到 1 个，总计 5 个

选择对象: 按<Enter>键

4）阵列生成灯罩的 36 个尖角图形。

命令: _array

选择对象: 选择灯罩的尖角图形

指定对角点: 找到 2 个

选择对象: 按<Enter>键

输入阵列类型 [矩形(R)/环形(P)] <P>: 按<Enter>键

指定阵列中心点: <对象捕捉 开>

输入阵列中项目的数目: 36

指定填充角度 (+=逆时针, -=顺时针) <360>: 按<Enter>键

是否旋转阵列中的对象？[是(Y)/否(N)] <Y>: 按<Enter>键

命令: pedit

选择多段线: 选择组成灯罩的所有尖角图形

所选对象不是多段线

是否将其转换为多段线? <Y>: 按<Enter>键

输入选项

[闭合(C)/合并(J)/宽度(W)/编辑顶点(E)/拟合(F)/样条曲线(S)/非曲线化(D)/线型生成(L)/放弃(U)]: j

选择对象: 指定对角点: 找到 72 个

选择对象: 按<Enter>键

71 条线段已添加到多段线

输入选项

[打开(O)/合并(J)/宽度(W)/编辑顶点(E)/拟合(F)/样条曲线(S)/非曲线化(D)/线型生成(L) /放弃(U)]: 按<Enter>键

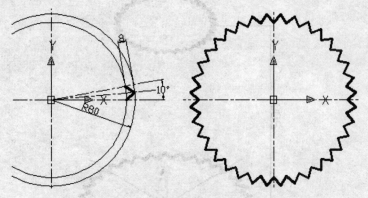

图 2-56　绘制灯罩的底面图形

（4）偏移（偏移距离 20），并移动高度 200，形成上底面，如图 2-57、图 2-58 所示。

命令: _offset

指定偏移距离或 [通过(T)] <8.0000>: 20

选择要偏移的对象或 <退出>: 选择灯罩的下底面图形

指定点以确定偏移所在一侧: 方向点

选择要偏移的对象或 <退出>: 按<Enter>键

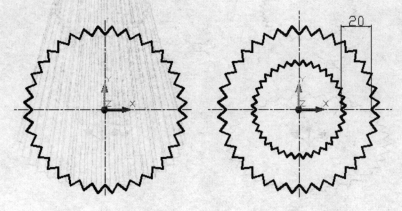

图 2-57　偏移

命令: _move

选择对象: 选择灯罩的上底面图形

找到 1 个

选择对象: 按<Enter>键

指定基点或位移: 0,0,0

指定位移的第二点或 <用第一点作位移>: @0,0,150

命令: _-view 输入选项 [?/正交(O)/删除(D)/恢复(R)/保存(S)/UCS(U)/窗口(W)]: _swiso

正在重生成模型

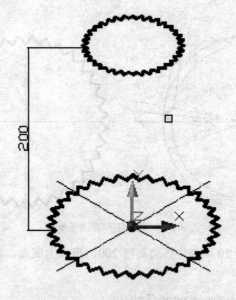

图 2-58 移动

（5）绘制直纹网格生成灯罩模型，如图 2-59 所示。

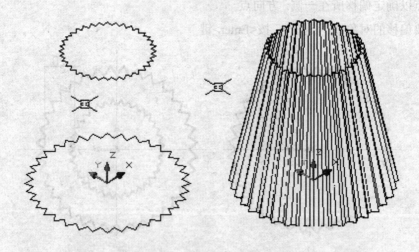

图 2-59 绘制直纹网格生成灯罩模型

命令:SURFTAB1

输入 SURFTAB1 的新值 <6>: 108

命令:_rulesurf

当前线框密度: SURFTAB1=108

选择第一条定义曲线: 选择上底面图形

选择第二条定义曲线: 选择下底面图形

命令:_shademode 当前模式: 三维线框

输入选项

[二维线框(2D)/三维线框(3D)/消隐(H)/平面着色(F)/体着色(G)/带边框平面着色(L)/带边框体着色(O)] <三维线框>: _h

（6）渲染效果如图 2-60 所示。

命令:_render 使用当前视图。

已选择缺省场景。

完成 100%，第 351 行，共 351 行扫描线。

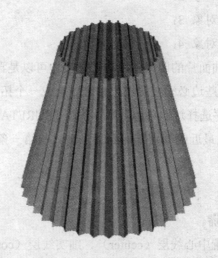

图 2-60 渲染效果

2.5.4 边界网格

1. 功能

该命令可以由四条首尾相接的曲线构造一个三维多边形网格，此多面网格近似于一个由四条邻接边定义的孔斯（Coons）曲面片。孔斯曲面片是一个根据四条邻接边（这些边可以是普通的空间曲线）导出的双三次曲面。Coons 曲面片不但通过定义边的角点，而且要通过每条边，如此，可以通过边界对生成的曲面进行控制，如图 2-61 所示。

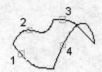
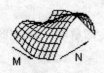

图 2-61　在 AutoCAD 中绘制**边界网格**的方法

2．执行"边界网格"命令的方法

执行"边界网格"命令的方法如下：

单击菜单栏中的"绘图"→"建模"→"网格"→"边界网格"命令。

在命令行输入"Edgesurf"（按<Enter>键）。

3．绘制边界网格的方法与过程

执行该命令后，命令行提示：

当前线框密度。SURFTAB1=当前值　SURFTAB2=当前值

选择用作曲面边界的对象　1：

选择用作曲面边界的对象　2：

选择用作曲面边界的对象　3：

选择用作曲面边界的对象　4：

（1）必须选择定义曲面片的四条邻接边。邻接边可以是直线、圆弧、样条曲线或开放的二维或三维多段线。这些边必须在端点处相交以形成一个拓扑的矩形的封闭路径。

（2）可以用任何次序选择这四条边。第一条边（SURFTAB1）决定了生成网格的 M 方向，该方向是从与选中点最近的端点延伸到另一端。与第一条边相接的两条边形成了网格的 N（SURFTAB2）边。

4．画图示例

实例 7：绘制茶壶壶嘴。

（1）设置图层：设置中心线层（center）、细实线层（continuous）。

（2）以（0，0，0）为基准点画基准线搭架子（同图 2-42 所示）。

（3）作辅助线绘制用作壶嘴曲面边界对象的两样条曲线 1-2-3-4 和 5-6-7-8，如图 2-62 所示。

（位置和形状控制的辅助线绘制略）

命令：_spline

指定第一个点或 [对象(O)]：　<正交　关>拾取点 1

指定下一点或 [闭合(C)/拟合公差(F)] <起点切向>：拾取点 2

指定下一点或 [闭合(C)/拟合公差(F)] <起点切向>：　<对象捕捉　开>拾取点 3

指定下一点或 [闭合(C)/拟合公差(F)] <起点切向>：拾取点 4

指定下一点或 [闭合(C)/拟合公差(F)] <起点切向>: 按<Enter>键

命令: _spline

指定第一个点或 [对象(O)]: 拾取点 5

指定下一点: <对象捕捉 关>拾取点 6

指定下一点或 [闭合(C)/拟合公差(F)] <起点切向>:拾取点 7

指定下一点或 [闭合(C)/拟合公差(F)] <起点切向>:<对象捕捉 开>拾取点 8

指定下一点或 [闭合(C)/拟合公差(F)] <起点切向>: 按<Enter>键

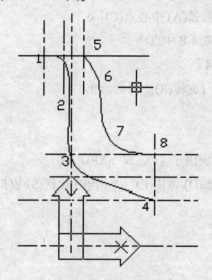

图 2-62 绘制壶嘴曲面边界对象的 2 个样条曲线

（4）绘制编辑壶嘴的另两曲面边界对象的椭圆曲线，如图 2-63、图 2-64 所示。

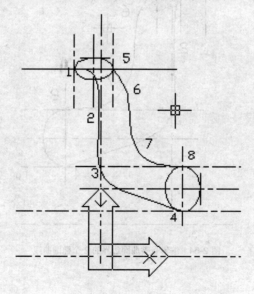

图 2-63 绘制壶嘴曲面边界对象的 2 个椭圆曲线

1）绘制椭圆。

命令: _ellipse

指定椭圆的轴端点或 [圆弧(A)/中心点(C)]: c

指定椭圆的中心点: 拾取 1-5 中点

指定轴的端点: 拾取点 1

指定另一条半轴长度或 [旋转(R)]: 目测给出

命令: _ellipse

指定椭圆的轴端点或 [圆弧(A)/中心点(C)]: c

指定椭圆的中心点: 拾取 4-8 中点

指定轴的端点: 拾取点 4

指定另一条半轴长度或 [旋转(R)]: 目测给出

2）缩放观察。

命令: '_zoom

指定窗口角点，输入比例因子 (nX 或 nXP)，或

[全部(A)/中心点(C)/动态(D)/范围(E)/上一个(P)/比例(S)/窗口(W)] <实时>: _w

指定第一个角点:

指定对角点:

3）编辑。

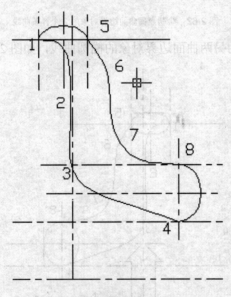

图 2-64 编辑壶嘴曲面边界的 2 个椭圆曲线

命令: _trim

当前设置: 投影=UCS 边=延伸

选择剪切边 ...

选择对象: 找到 1 个

选择对象: 找到 1 个, 总计 2 个

选择对象:

选择要修剪的对象或 [投影(P)/边(E)/放弃(U)]:

选择要修剪的对象或 [投影(P)/边(E)/放弃(U)]:

选择要修剪的对象或 [投影(P)/边(E)/放弃(U)]: *取消*

命令: _erase

选择对象: 找到 1 个

选择对象: 找到 1 个, 总计 2 个

（5）三维旋转壶嘴曲面边界对象的两个 1/2 椭圆曲线, 如图 2-65 所示。

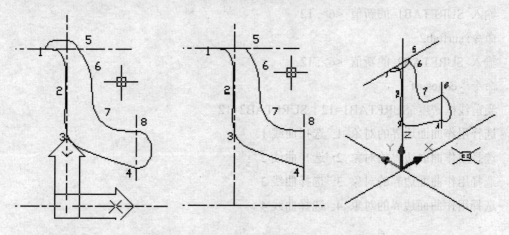

图 2-65 三维旋转壶嘴曲面边界对象的两个 1/2 椭圆曲线

命令:

ROTATE3D

当前正向角度: ANGDIR=逆时针 ANGBASE=0

选择对象: 选择点 1-5 间出水口椭圆段

找到 1 个

选择对象: 按<Enter>键

指定轴上的第一个点或定义轴依据

[对象(O)/最近的(L)/视图(V)/X 轴(X)/Y 轴(Y)/Z 轴(Z)/两点(2)]: 拾取点 1

指定轴上的第二点: 拾取点 5

指定旋转角度或 [参照(R)]: 90

命令:

ROTATE3D

当前正向角度： ANGDIR=逆时针 ANGBASE=0

选择对象: 选择点 4-8 间壶嘴根部椭圆段

找到 1 个

选择对象: 按<Enter>键

指定轴上的第一个点或定义轴依据[对象(O)/最近的(L)/视图(V)/X 轴(X)/Y 轴(Y)/Z 轴(Z)/两点(2)]: 拾取点 4

指定轴上的第二点: 拾取点 8

指定旋转角度或 [参照(R)]: 90

（6）创建出边界网格，如图 2-66 所示。

命令: surftab1

输入 SURFTAB1 的新值 <6>: 12

命令: surftab2

输入 SURFTAB2 的新值 <6>: 12

命令: _edgesurf

当前线框密度: SURFTAB1=12　SURFTAB2=12

选择用作曲面边界的对象 1: 选择曲线 1

选择用作曲面边界的对象 2: 选择曲线 2

选择用作曲面边界的对象 3: 选择曲线 3

选择用作曲面边界的对象 4: 选择曲线 4

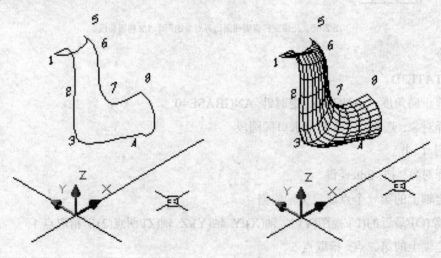

图 2-66　创建出边界网格

（7）镜像生成壶嘴另一半模型，如图 2-67 所示。

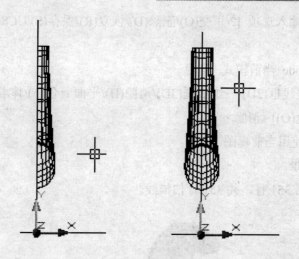

图 2-67 镜像

1）转换视图方向。

命令: _-view 输入选项 [?/正交(O)/删除(D)/恢复(R)/保存(S)/UCS(U)/窗口(W)]: _left 正在重生成模型

2）镜像。

命令: _mirror

选择对象: 选择边界网格

找到 1 个

选择对象: 按<Enter>键

指定镜像线的第一点: 拾取高度基准线点 1

指定镜像线的第二点: 拾取高度基准线点 2

是否删除源对象？ [是(Y)/否(N)] <N>: 按<Enter>键

（8）消隐效果如图 2-68 所示；渲染效果如图 2-69 所示。

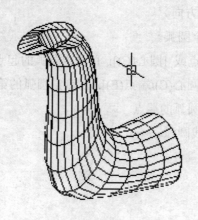

图 2-68 消隐效果

命令：_-view 输入选项 [?/正交(O)/删除(D)/恢复(R)/保存(S)/UCS(U)/窗口(W)]: _swiso
正在重生成模型

命令：_shademode 当前模式：消隐

输入选项[二维线框(2D)/三维线框(3D)/消隐(H)/平面着色(F)/体着色(G)/带边框平面着色(L)/带边框体着色(O)] <消隐>: _h

命令：_render 使用当前视图
已选择缺省场景。

完成100%，第351行，共351行扫描线。

图 2-69 渲染效果

实例8：绘制亭子六角形屋面。

（1）设置图层：设置中心线层（center）、细实线层（continue）。

（2）以（0，0，0）为基准点画基准线搭架子（同图2-42所示）。

（3）绘制曲面边界对象的两个屋脊线，如图2-70、图2-71所示。

1）转换视图方向。

命令：_-view 输入选项 [?/删除(D)/正交(O)/恢复(R)/保存(S)/设置(E)/窗口(W)]: _front
正在重生成模型（转为主视图方向）

2）绘制表示屋脊线的一个圆弧。

命令：_arc 指定圆弧的起点或 [圆心(C)]: 目测定圆弧的起点

指定圆弧的第二个点或 [圆心(C)/端点(E)]: 目测定圆弧的第二个点

指定圆弧的端点：目测定圆弧的端点

3）阵列生成另一个屋脊线圆弧。

命令：_array

选择对象：选择圆弧

找到 1 个

选择对象：按<Enter>键

输入阵列类型 [矩形(R)/环形(P)] <P>: 按<Enter>键

指定阵列中心点: 0,0

输入阵列中项目的数目: 2

指定填充角度 (+=逆时针，-=顺时针) <360>: 60

是否旋转阵列中的对象？[是(Y)/否(N)] <Y>: 按<Enter>键

命令: _rotate

UCS 当前的正角方向: ANGDIR=逆时针　ANGBASE=0

选择对象: 选择圆弧

找到 1 个

选择对象: 选择圆弧

找到 1 个，总计 2 个

选择对象: 按<Enter>键

指定基点: 0，0

指定旋转角度，或 [复制(C)/参照(R)] <0>: -30

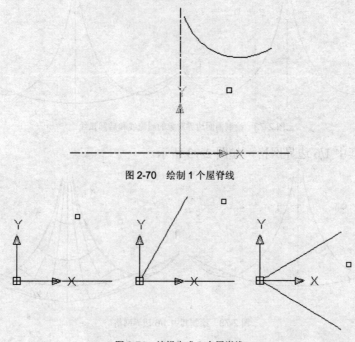

图 2-70　绘制 1 个屋脊线

图 2-71　编辑生成 2 个屋脊线

（4）绘制曲面边界对象的屋檐线和后圆弧线，如图 2-72 所示。

1）转换视图方向。

命令: _-view 输入选项 [?/删除(D)/正交(O)/恢复(R)/保存(S)/设置(E)/窗口(W)]: _right

正在重生成模型（转为右视图方向）

命令: '_zoom

指定窗口的角点，输入比例因子 (nX 或 nXP)，或者[全部(A)/中心(C)/动态(D)/范围(E)/上一个(P)/比例(S)/窗口(W)/对象(O)] <实时>: _w

指定第一个角点: 指定对角点:

指定第一个角点: 指定对角点:

2）绘制两圆弧线。

命令: _arc

指定圆弧的起点或 [圆心(C)]: 拾取左侧屋脊线圆弧上端点

指定圆弧的第二个点或 [圆心(C)/端点(E)]: <对象捕捉 关>目测定圆弧的第二个点

指定圆弧的端点: <对象捕捉 开>拾取右侧屋脊线圆弧上端点

绘制屋檐线命令: _arc

指定圆弧的起点或 [圆心(C)]: 拾取左侧屋脊线圆弧下端点

指定圆弧的第二个点或 [圆心(C)/端点(E)]: <对象捕捉 关>目测定圆弧的第二个点

指定圆弧的端点: <对象捕捉 开>拾取右侧屋脊线圆弧下端点

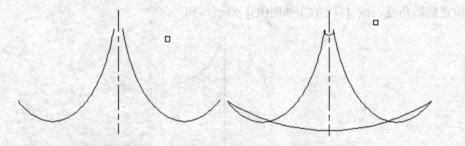

图 2-72 绘制曲面边界对象的屋檐线和后圆弧线

（5）绘制其中 1/6 边界网格，如图 2-73 所示。

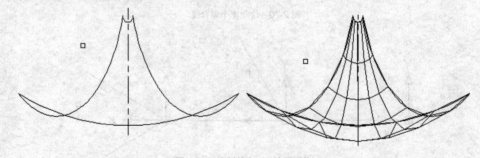

图 2-73 绘制其中 1/6 边界网格

命令: _edgesurf

当前线框密度: SURFTAB1=6 SURFTAB2=6

选择用作曲面边界的对象 1: 选择曲线 1

选择用作曲面边界的对象 2: 选择曲线 2

选择用作曲面边界的对象 3: 选择曲线 3

选择用作曲面边界的对象 4: 选择曲线 4

（6）阵列生成整个屋面，如图 2-74 所示。

命令:_array

选择对象: 选择 1/6 屋面

找到 1 个

选择对象: 按<Enter>键

输入屋脊线类型 [矩形(R)/环形(P)] <P>: 按<Enter>键

指定阵列中心点: 0,0

输入阵列中项目的数目: 6

指定填充角度 (+=逆时针，-=顺时针) <360>: 按<Enter>键

是否旋转阵列中的对象？[是(Y)/否(N)] <Y>: 按<Enter>键

命令: _-view 输入选项 [?/删除(D)/正交(O)/恢复(R)/保存(S)/设置(E)/窗口(W)]: _swiso

正在重生成模型

命令: _vscurrent

输入选项 [二维线框(2)/三维线框(3)/三维隐藏(H)/真实(R)/概念(C)/其他(O)] <二维线框>: _C

命令: _vscurrent

输入选项 [二维线框(2)/三维线框(3)/三维隐藏(H)/真实(R)/概念(C)/其他(O)] <概念>: _h

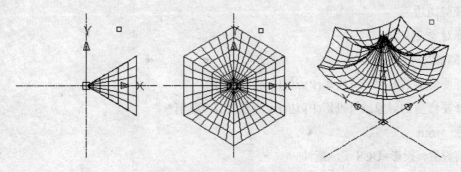

图 2-74　阵列生成整个屋面

（7）绘制中式金顶，如图 2-75 所示。

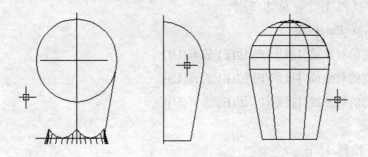

图 2-75　绘制中式金顶

命令: _-view 输入选项 [?/正交(O)/删除(D)/恢复(R)/保存(S)/UCS(U)/窗口(W)]: _front
正在重生成模型

命令: '_zoom

指定窗口角点，输入比例因子 (nX 或 nXP)，或[全部(A)/中心点(C)/动态(D)/范围(E)/
上一个(P)/比例(S)/窗口(W)] <实时>: _w

指定第一个角点: 指定对角点:

命令: _line 指定第一点:

指定下一点或 [放弃(U)]:

指定下一点或 [放弃(U)]:

命令: _circle 指定圆的圆心或 [三点(3P)/两点(2P)/相切、相切、半径(T)]: _int 于指定圆
的半径或 [直径(D)] <5.6590>: <正交 关>

命令: _line 指定第一点:

指定下一点或 [放弃(U)]: <正交 开>

指定下一点或 [放弃(U)]: _tan 到

指定下一点或 [闭合(C)/放弃(U)]: 按<Enter>键

命令: _trim

当前设置: 投影=UCS 边=延伸

选择剪切边 ...

选择对象: 找到 1 个

选择对象: 按<Enter>键

选择要修剪的对象或 [投影(P)/边(E)/放弃(U)]:

选择要修剪的对象或 [投影(P)/边(E)/放弃(U)]: *取消*

命令: _trim

当前设置: 投影=UCS 边=延伸

选择剪切边 ...

选择对象: 找到 1 个

选择对象: 找到 1 个，总计 2 个

选择对象: 按<Enter>键

选择要修剪的对象或 [投影(P)/边(E)/放弃(U)]:

选择要修剪的对象或 [投影(P)/边(E)/放弃(U)]:

选择要修剪的对象或 [投影(P)/边(E)/放弃(U)]:

命令: _erase

选择对象: 找到 1 个

选择对象: 按<Enter>键

命令: '_zoom

指定窗口角点，输入比例因子 (nX 或 nXP)，或

[全部(A)/中心点(C)/动态(D)/范围(E)/上一个(P)/比例(S)/窗口(W)] <实时>: _p

命令: '_zoom

指定窗口角点，输入比例因子 (nX 或 nXP)，或

[全部(A)/中心点(C)/动态(D)/范围(E)/上一个(P)/比例(S)/窗口(W)] <实时>: _w

指定第一个角点: 指定对角点:

命令: pedit

选择多段线: 选择各线

所选对象不是多段线

是否将其转换为多段线? <Y>: 按<Enter>键

输入选项

[闭合(C)/合并(J)/宽度(W)/编辑顶点(E)/拟合(F)/样条曲线(S)/非曲线化(D)/线型生成(L)/放弃(U)]: j

选择对象: 选择

找到 1 个

选择对象: 选择

找到 1 个，总计 2 个

选择对象: 选择

找到 1 个，总计 3 个

选择对象: 按<Enter>键

2 条线段已添加到多段线

命令: _revsurf

当前线框密度: SURFTAB1=6　SURFTAB2=6

选择要旋转的对象: 选择母线

选择定义旋转轴的对象:　选择旋转轴

指定起点角度 <0>: 按<Enter>键

指定包含角 (+=逆时针，-=顺时针) <360>: 按<Enter>键

（8）效果如图 2-76、图 2-77 所示。

命令: _-view 输入选项 [?/删除(D)/正交(O)/恢复(R)/保存(S)/设置(E)/窗口(W)]: _swiso

命令: _vscurrent

输入选项 [二维线框(2)/三维线框(3)/三维隐藏(H)/真实(R)/概念(C)/其他(O)] <三维线框>: _3

命令: _vscurrent

输入选项 [二维线框(2)/三维线框(3)/三维隐藏(H)/真实(R)/概念(C)/其他(O)] <三维线框>:_h

命令:_render 使用当前视图。

已选择缺省场景。

完成 100%，第 351 行，共 351 行扫描线。

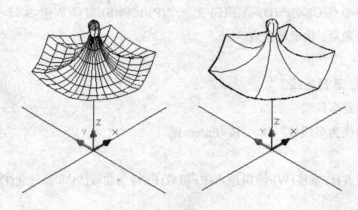

图 2-76 整体效果和消隐效果

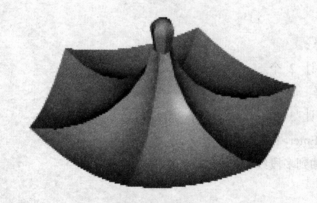

图 2-77 渲染效果

2.6 修改三维面的边的可见性

1. 功能

AutoCAD 命令名为"边"，修改三维面的边的可见性。

2. 执行"边"命令的方法

执行"边"命令的方法如下：

单击菜单栏中的"绘图"→"建模"→"网格"→"边"命令。

在命令行输入"Edge"（按<Enter>键）。

3．修改三维面的边的可见性的方法与过程

执行该命令后，命令行提示：

指定要切换可见性的三维面的边或 [显示(D)]：选择边或输入 d

（1）边。控制选中边的可见性，如图 2-78 所示。

指定要切换可见性的三维面的边或 [显示(D)]：

按<Enter>键之前将重复提示。

图 2-78 控制选中边的可见性。

如果一个或多个三维面的边共线，程序将改变每个共线边的可见性。

（2）显示。亮显三维面的不可见边以便可以重新显示它们，如图 2-79 所示。

输入用于隐藏边显示的选择方法 [选择(S)/全部(A)] <全部>：输入选项或按<Enter>键

1）全部。选中图形中所有三维面的隐藏边并显示它们。

如果要使三维面的边再次可见，请使用"边"选项。必须用定点设备选定每条边才能显示它。系统将自动显示"AutoSnap™"（自动捕捉）标记和"捕捉提示"，指示在每条不可见边的外观捕捉位置。

按<Enter>键之前该提示将一直显示。

2）选择。选择部分可见的三维面的隐藏边并显示它们。

选择对象：

如果要使三维面的边再次可见，请使用"边"选项。必须用定点设备选定每条边才能显示它。系统将自动显示"自动捕捉"标记和"捕捉提示"，指示在每条可见边的外观捕捉位置。

按<Enter>键之前该提示将一直显示。

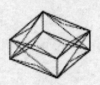 

全部选择 选择

图 2-79 亮显三维面的不可见边

4．说明

（1）用户还可以利用"特性"窗口来设置三维面的边的可见性。如图 2-6 所示。

（2）编辑网格曲面与其他对象如图块、多段线、填充图案、尺寸标注一样，可以将网

格分解。网格分解，将形成一系列单独的三维面。也可以使用 PEDIT 命令编辑网格，这与编辑多段线相似。PEDIT 命令的多数选项对网格是有效的，除了用户不能为网格定义宽度之外。

思 考 题

1．如何创建三维多段线？

2．如何创建二维平面片？

3．如何创建具有三边或四边的平面网格？

4．如何创建三维多面网格？

5．如何创建预定义三维曲面？

6．如何创建三维网格？

7．如何创建旋转网格？

8．如何创建平移网格？

9．如何创建直纹网格？

10．如何创建边界网格？

11．如何修改三维面的边的可见性？

第 3 章　齿轮类零件建模

【内容】

学习绘制齿轮。使用 PLINE 命令绘制多段线和使用 PEDIT 命令编辑多段线；使用 CHAMFER 命令为零件生成倒角；使用 FILLET 命令为零件生成圆角；使用 ARRARY 命令对图形进行阵列；使用 REGION 命令创建面域；使用 EXTRUDE 命令拉伸面域；使用 SUBTRACT 命令对实体进行差集运算；使用 RENDER 命令对实体进行渲染处理。

【实例】

实例 1：圆柱齿轮的建模。

实例 2：圆柱斜齿轮的建模。

实例 3：锥齿轮的建模。

实例 4：盘形齿轮的建模。

【目的】

通过学习，用户应掌握使用二维平面图形拉伸的 extrude 命令、对图形进行阵列的 ARRARY 命令、三维实体进行镜像处理的 mirror 命令，以及三维实体进行布尔运算的 union 命令和 subtract 命令。

3.1　圆　柱　齿　轮

本节绘制的齿轮零件如图 3-1 所示，全部倒角均为 2×2，圆角均为 R2.0。本章的图形较为复杂，用户应注意 CHAMFER 和 FILLET 这些编辑命令的用法。

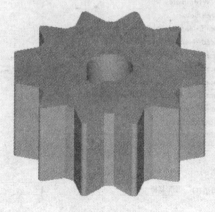

图 3-1　圆柱齿轮

AutoCAD 曲面建模实用教程

通过圆柱齿轮的制作，介绍圆形阵列命令的使用。制作齿轮过程中主要使用作图和环形阵列的命令。制作本实例的基本思路是使用绘制圆和矩形的命令绘制齿轮的大致轮廓，然后绘制齿轮的一个齿牙，再通过环形阵列得到全部齿轮的齿牙。

具体操作步骤如下：

（1）在 AutoCAD 2010 中选择"文件"｜"新建"菜单项，如图 3-2 所示，或单击 按钮。

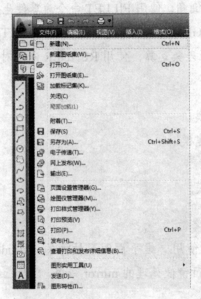

图 3-2　"文件"｜"新建"菜单选项

系统将弹出如图 3-3 所示的"选择样板"对话框，选择 acadiso.dwt 样板，单击 按钮，从头开始一张图形。

图 3-3　选择样板

（2）绘制圆。选择"绘图"｜"圆"命令，或者单击"绘图"工具栏中的按钮，或者在命令行输入 circle 后按回车键，依次出现如下提示。

命令：circle

指定圆的圆心或[三点(3P)/两点(2P)相切、相切、半径(T)]:200,200

指定圆的半径或[直径(D)]：100

得到如图 3-4 所示的效果。

（3）重复上述命令，绘制一个半径为 30 的同心圆，效果如图 3-5 所示。

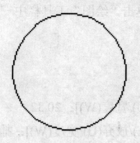

图 3-4 绘制圆

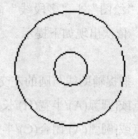

图 3-5 绘制同心圆

（4）绘制矩形。选择"绘图"｜"矩形"命令，或者单击"绘图"工具栏中的按钮，或者在命令行输入 rectangle 后按回车键，依次出现如下提示。

命令：rectangle

指定第 1 个角点或[倒角(C)/标高(E)/圆角(F)/厚度(T)/宽度(W)]：160,215

指定另一个角点或[尺寸(D)]：80,-30

效果如图 3-6 所示。

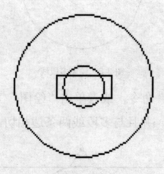

图 3-6 绘制的矩形

（5）选择"绘图"｜"直线"命令，或者单击"绘图"工具栏中按钮，或在命令行中输入 line，绘制过圆心的水平直线作为辅助线。

（6）选择"修改"｜"偏移"命令，或者单击"修改"工具栏中按钮，或要命令行中输入 offset，以 98 为偏移距离，偏移上述辅助线，效果如图 3-7 所示。

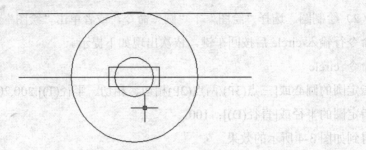

图 3-7　绘制的辅助线

（7）选择"绘图"｜"多段线"命令，或者单击"绘图"工具栏中 按钮，或在命令行中输入 pline，依次出现如下提示。

命令：pline

指定起点：捕捉辅助线与圆的左交点

指定下一点或[圆弧(A)/半宽(H)/长度(L)/放弃(U)/宽度(W)]：20,32

指定下一点或[圆弧(A)/闭合(C)/半宽(H)/长度(L)/放弃(U)/宽度(W)]：捕捉辅助线与圆的右交点

指定下一点或[圆弧(A)/闭合(C)/半宽(H)/长度(L)/放弃(U)/宽度(W)]：c

效果如图 3-8 所示。

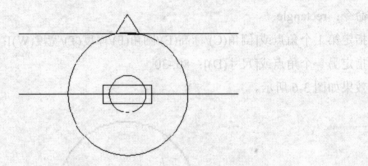

图 3-8　绘制多段线

（8）选择"绘图"｜"圆"命令，或者单击"绘图"工具栏中 按钮，或在命令行中输入 circle，绘制半径为 5 的圆，并且与多段线两条边相切，如图 3-9 所示。

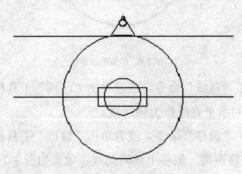

图 3-9　绘制圆

（9）选择"修改"｜"修剪"命令，或者单击"修改"工具栏中 按钮，或在命令行中输入 trim，对上述小圆、多段线和矩形进行修剪，效果如图 3-10 所示。

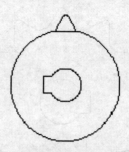

图 3-10　修剪处理

（10）选择"修改"｜"阵列"命令，或者单击"绘图"工具栏中 按钮，或在命令行中输入 array，弹出如图 3-11 所示的"阵列"对话框。

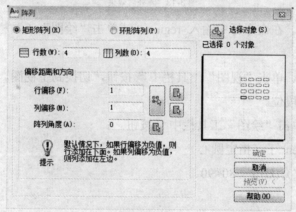

图 3-11　"阵列"对话框

（11）选中"环形阵列"单选按钮，设置阵列中心点坐标为(200,200)，在"方法"下拉列表框中选择"项目总数和填充角度"选项，设置"填充角度"为 360，"项目总数"为 12，如图 3-12 所示。

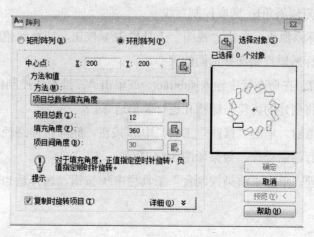

图 3-12　设置阵列参数

（12）设置参数后，单击"选择对象"按钮，返回到绘图窗口。选中上述轴珠小圆，按回车键返回到"阵列"对话框。单击"确定"按钮，效果如图 3-13 所示。

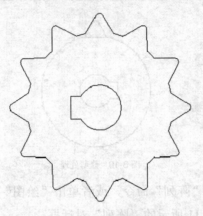

图 3-13 阵列后效果

（13）创建面域。在命令行中输入 region，或单击"绘图"工具栏中按钮，选取多线段图形，创建面域。

（14）转换视图。单击"视图"工具栏中按钮，切换到主视图。

（15）绘制拉伸段位。

命令：line 或单击"绘图"工具栏中按钮。

指定第一点：_cen 于（指定圆心）

指定下一点或[放弃(U)]： 80<90

指定下一点：

（16）拉伸面域。

命令：ext（或单击"实体"工具栏中按钮。）

选择对象：（选取创建的面域，然后回车。）

指定拉伸高度或[路径]：p

选择拉伸方位或[倾斜角]：选取控制直线

（17）移动坐标系原点。单击"视图"工具栏中按钮，切换到俯视图，在命令行中输入 UCS，移动坐标系原点到选择顶面的圆心。

（18）差集运算。在命令行中输入 subtract，或单击"三维制作控制台"｜"实体编辑"工具栏中按钮，将创建的齿轮与键槽孔进行差集运算。

（19）删除并消隐。单击"修改"工具栏中按钮，删除拉伸路径，单击"渲染"工具栏中按钮，进行消隐处理，效果如图 3-14 所示。

（20）渲染处理。单击"渲染控制台"工具栏中按钮，选择适当的材质，渲染后效果如图 3-1 所示。

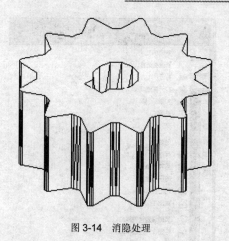

图 3-14　消隐处理

3.2　圆柱斜齿轮

本例制作的圆柱斜齿轮如图 3-15 所示。

本例主要应用编辑多段线命令 pline（使用时单击 按钮），平移曲面命令 tabsurf（使用时单击 按钮），以及直纹曲面命令（使用时单击 按钮）。

分别绘制斜齿及键槽的俯视图轮廓图；使用编辑多段线命令将所绘制的轮廓图编辑为闭合多段线；使用平移曲面命令创建齿轮的中心孔曲面；使用直纹曲面命令创建斜齿的曲面模型；使用边界曲面命令创建圆柱齿轮的上、下两个曲面模型。

渲染命令，用于渲染实体。使用时可单击 按钮，或输入 render，或执行"渲染"｜"渲染"。

图 3-15　圆柱斜齿轮

具体操作步骤如下：

（1）启动系统。启动 AutoCAD 2010，使用默认设置画图。

（2）在 AutoCAD 2010 中选择"文件"｜"新建"菜单项，如图 3-16 所示，或单击 按钮。

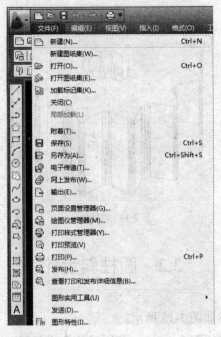

图 3-16 "文件" | "新建" 菜单选项

系统将弹出如图 3-17 所示的"选择样板"对话框，选择 acadiso.dwt 样板，单击 打开⑩ 按钮，开始一张图形。

图 3-17 选择样板

（3）设置线框密度。

命令：isolines

输入 isolines 的新值 <4>：10

（4）绘制同心圆。在命令行中输入 circle，或者单击"绘图"工具栏中的 ⊘ 按钮，以原点为圆心分别绘制 4 个半径为 38，35.8，33.5 和 10 的同心圆，效果如图 3-18 所示。

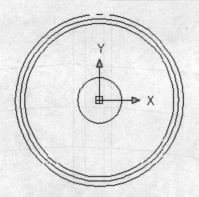

图 3-18   绘制同心圆

（5）绘制构造线。在命令行输入 xline，或者单击"绘图"工具栏中的 ╱ 按钮，绘制如图 3-19 所示的构造线作为辅助线。

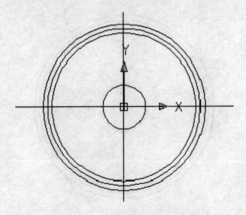

图 3-19   绘制辅助线

（6）执行"修改"菜单中的"偏移"命令，或单击 ⧉ 按钮，选择垂直构造线，分别将其向左偏移 0.6，1.6 和 2 个绘图单位，效果如图 3-20 所示。

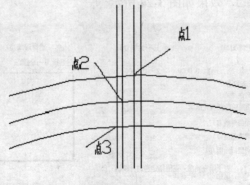

图 3-20   偏移效果

（7）单击"绘图"菜单中的"圆弧"｜"三点"命令，或单击 ╱ 按钮，分别捕捉图 3-20 所示的点 1，2，3，绘制如图 3-21 所示的圆弧。

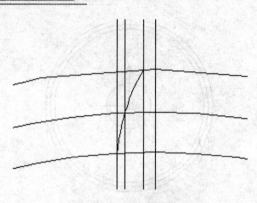

图 3-21 三点画弧

（8）镜像圆弧。在命令行中输入 mirror，或者单击"修改"工具栏中的 按钮，将绘制的圆弧进行镜像操作，并删除和修剪辅助线，效果如图 3-22 所示。

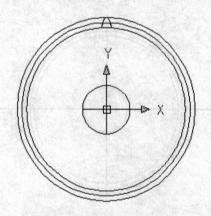

图 3-22 镜像效果

（9）阵列圆弧。在命令行中输入 ar，或者单击"修剪"工具栏中 按钮，选取圆弧进行环形阵列，阵列中心为圆心，阵列数目为 36，出现如图 3-23 所示的对话框。单击 选择阵列对象后点 确定 ，效果如图 3-24 所示。

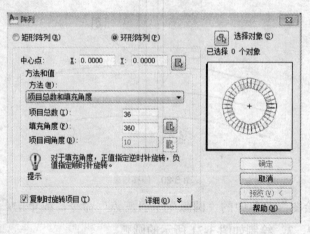

图 3-23 阵列对话框

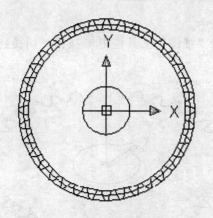

图 3-24　阵列效果

（10）在命令行中输入 trim，或单击"修改"工具栏中 按钮，对阵列后的图形进行编辑，效果如图 3-25 所示。

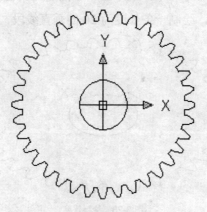

图 3-25　编辑效果

（11）绘制键槽。综合使用"偏移""修剪"和"删除"命令，绘制内部的键槽轮廓图，效果如图 3-26 所示。

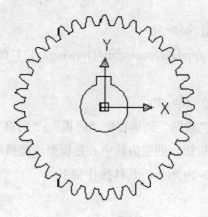

图 3-26　绘制键槽轮廓图

（12）执行"修改"菜单中的"对象""多段线"命令，或单击 按钮，将上面的轮廓图创建为两条闭合的多段线。

（13）转换视图。单击"视图"工具栏中 按钮，切换到西南视图，效果如图 3-27 所示。

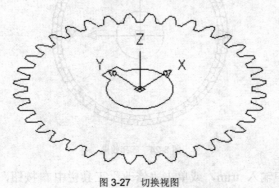

图 3-27 切换视图

（14）绘制直线。输入命令 line，或单击"绘图"工具栏中 按钮，以圆心为起点，以"@0，0，20"为目标点，绘制一条长度为 20 的垂直线段，如图 3-28 所示。

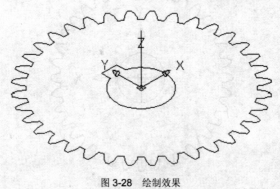

图 3-28 绘制效果

（15）分别在命令行中输入"SURFTAB1"和"SUBFTAB2"，将其系统变量的值设置为 30，具体操作如下：

命令: surftab1

输入 SURFTAB1 的新值 <6>: 30

自动保存到 C:\Users\nss\appdata\local\temp\Drawing2_1_1_0041.sv$ ...

命令: surftab2

输入 SURFTAB2 的新值 <6>: 30

（16）平移曲面。执行"绘图"菜单栏中"建模"|"网格" |"平移网格"命令，或单击"网格"工具栏中的 按钮，创建齿轮中心孔模型，选择键槽|轮廓线，在垂直线的下侧单击左键，创建效果如图 3-29 所示。具体操作如下。

命令: tabsurf

当前线框密度: SURFTAB1=30

选择用作轮廓曲线的对象:

选择用作方向矢量的对象：

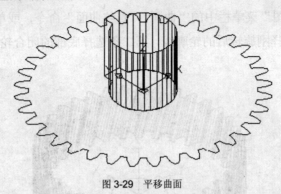

图 3-29 平移曲面

（17）创建一个新的名称为"曲面"的图层，把刚创建的曲面放在此图层，并关闭"曲面"图层。

（18）复制对象。执行"复制对象"命令，或单击按钮，选择外侧的闭合轮廓线将其复制，基点为任意点，目标点为"@0，0，20"，效果如图 3-30 所示。

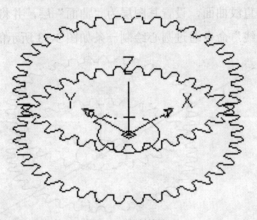

图 3-30 复制效果

（19）旋转对象。输入 rotate 执行"旋转"命令，或单击"修改"工具栏中 按钮，将复制后的轮廓线旋转 6.78°，基点为垂直辅助线的上端点，旋转效果如图 3-31 所示。

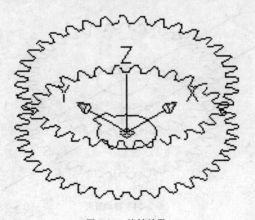

图 3-31 旋转效果

（20）在命令行中输入 surftab1，将其系统变量的值设置为 360。

（21）执行"绘图"菜单栏中的"曲面""直纹曲面"命令，或单击"曲面"工具栏中的 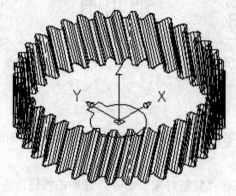 按钮，第一条选择刚旋转后的轮廓线，第二条选择底部的闭合轮廓线，创建齿轮模型，效果如图 3-32 所示。

图 3-32　直纹曲面

（22）选择创建的直纹曲面，设置其图层为"曲面"层，并将其隐藏。

（23）使用"构造线"命令通过圆心绘制一条如图 3-33 所示的垂直辅助线。

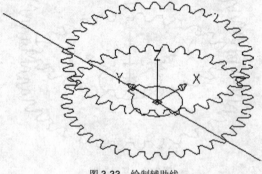

图 3-33　绘制辅助线

（24）选择键槽轮廓线和辅助线，沿当前坐标轴的 Z 轴正方向移动 20 个绘图单位，效果如图 3-34 所示。

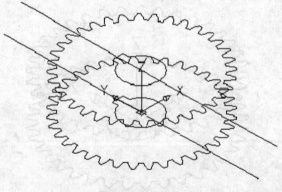

图 3-34　移动效果

（25）删除辅助线，并打开"曲面"图层，效果如图 3-35 所示。

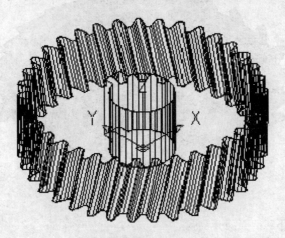

图 3-35　创建效果

（26）删除并消隐。单击"修改"工具栏中![按钮]按钮，删除拉伸路径，单击"渲染"工具栏中![按钮]按钮，进行消隐处理，效果如图 3-36 所示。

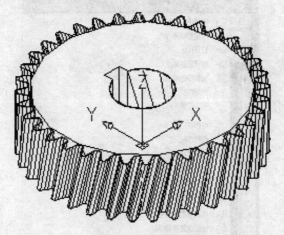

图 3-36　消隐处理

（27）渲染处理。单击"渲染控制台"工具栏中![按钮]按钮，选择适当的材质，渲染后的效果如图 3-15 所示。

3.3　锥 齿 轮

圆锥齿轮的轮齿是在圆锥面上制出来的，它可以用来实现两相交轴之间的传动。根据轮齿方向，圆锥齿轮分为直齿、斜齿、人字齿等。其中直齿圆锥齿轮的设计、制造及安装均较容易，故应用最广，而且是研究其他类型圆锥齿轮的基础。

本实例绘制的是一种直齿圆锥齿轮，其结构如图 3-37 所示。

本实例主要通过掌握旋转操作创建实体，变换 UCS 坐标系，扩张拉伸，阵列操作。

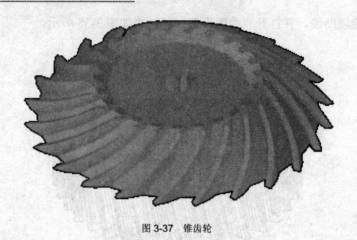

图 3-37　锥齿轮

具体操作步骤如下：

（1）在 AutoCAD 2010 中选择"文件"｜"新建"菜单项，如图 3-38 所示，或单击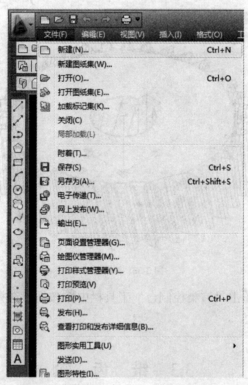
按钮。

图 3-38　"文件"｜"新建"菜单选项

系统将弹出如图 3-39 所示的"选择样板"对话框，选择 acadiso.dwt 样板，单击 打开(O) ▾
按钮，开始一张图形。

（2）绘制圆锥体。单击"三维制作控制台"工具栏中的 按钮，以原点为圆心，半径
为 200，高为 150，如图 3-40 所示。

图 3-39　选择样板

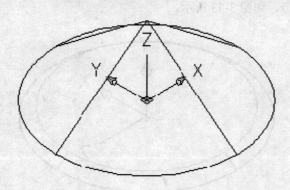

图 3-40　绘制圆锥体

（3）剖切处理。单击"三维制作控制台"工具栏中的 按钮，从高为 60 处将圆锥体切开，并保留下面部分，如图 3-41 所示。

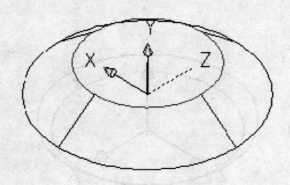

图 3-41　剖切处理

（4）移动处理。在命令行中输入 move，或者单击"修改"工具栏中的 ✛ 按钮，或者选择"修改"｜"移动"命令，将实体移出坐标原点。

（5）绘制圆锥体。单击"三维制作控制台"工具栏中的 ⬡ 按钮，以（0,0,0）原点为圆心，半径为 120，高为 60，如图 3-42 所示。

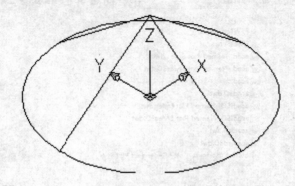

图 3-42　绘制圆锥体

（6）剖切处理。单击"三维制作控制台"工具栏中的 按钮，从高为 10 处将圆锥体切开，并保留下面部分，如图 3-43 所示。

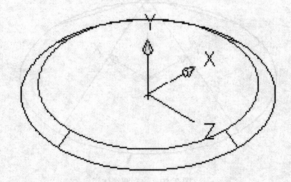

图 3-43　剖切处理

（7）旋转处理。单击"绘图"工具栏中的 按钮，将上面实体进行旋转，底面向上，如图 3-44 所示。

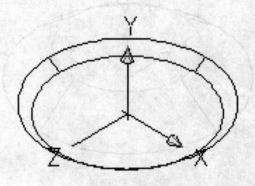

图 3-44　旋转处理

（8）差集处理。将两个实体移动并放在一起，输入 subtract 命令，或单击"三维制作控制台"|"实体编辑"工具栏中 按钮，将两实体进行差集运算，如图 3-45 所示。

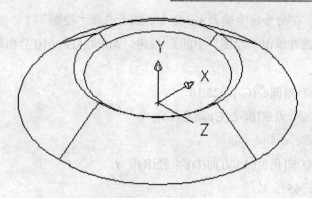

图 3-45 差集处理

（9）绘制键槽。综合使用"圆""直线""修剪"和"删除"命令，绘制内部的键槽轮廓图，效果如图 3-46 所示。

图 3-46 绘制键槽

（10）创建面域。在命令行中输入 region，或单击"绘图"工具栏中 按钮，选取键槽多线段图形，创建面域。

（11）拉伸键槽。单击 按钮或者在命令行中直接输入 extrude，或者选择"修改"｜"拉伸"命令。

命令：extrude

当前线框密度：ISOLINES＝4

选择对象：选择键槽

选择对象：

指定拉伸高度或[路径(P)]：50

指定拉伸的倾斜角度 <0>：

效果如图 3-47 所示。

（12）差集运算。在命令行中输入 subtract，或单击"三维制作控制台"｜"实体编辑"工具栏中 按钮，将创建的齿轮与键槽孔进行差集运算，如图 3-48 所示。

（13）移动处理。单击"绘图"工具栏中的 按钮，将实体并移出坐标原点。

（14）作圆弧。在命令行中输入 arc 命令，或者选择"绘图"｜"圆弧"｜"起点、端点、半径"命令，或者单击"绘图"中的 按钮。AutoCAD 2010 会出现以下提示：

命令：arc

指定圆弧的起点或[圆心(C)]：25,10

指定圆弧的第二个点或[圆心(C)/端点(E)]：e

指定圆弧的端点：0,5

指定圆弧的圆心或[角度(A)/方向(D)/半径(R)]：r

定圆弧的半径：45

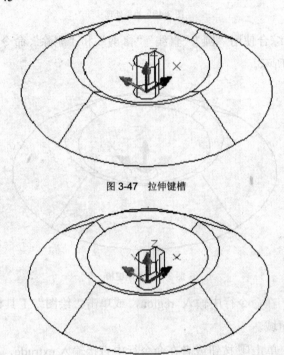

图 3-47　拉伸键槽

图 3-48　差集运算

（15）作线段。在命令行中输入 line 命令，或者选择"绘图"｜"直线"命令，或者单击"绘图"工具栏中的 按钮，AutoCAD 2010 会依次出现以下提示：

命令：line

指定第一点：0,0

指定下一点或[放弃(U)]：0,5

指定下一点或[放弃(U)]：

（16）重复上述命令，作(25,0)和(25,10)两点的直线，如图 3-49 所示。

（17）镜像处理。在命令行中输入 mirror，或者选择"修改"｜"镜像"命令，或者单击"镜像"工具栏中的 按钮。

命令：mirror

选择对象：指定对角点：找到 3 个

选择对象：

指定镜像线的第一点：0，0

指定镜像线的第二点：25,0

是否删除源对象？[是(Y)/否(N)] <N>：

效果如图 3-50 所示。

图 3-49 作多线段

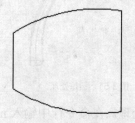

图 3-50 镜像处理

（18）创建面域。在命令行中输入 region，或单击"绘图"工具栏中 按钮，选取多线段图形，创建面域。

（19）移动处理。在命令行中输入 move，或者单击"修改"工具栏中的 按钮，或者选择"修改" | "移动"命令，将上述多线段从点(0,0,0)移动到点(-300,0,0)。

（20）绘制螺旋线。在命令行中输入 helix，或者单击"三维制作控制台"工具栏中的 按钮。

命令：_helix

圈数 = 0.2000 　　　扭曲=CCW

指定底面的中心点：0,0,-30

指定底面半径或 [直径(D)] <240.0000>：240

指定顶面半径或 [直径(D)] <240.0000>：0

指定螺旋高度或 [轴端点(A)/圈数(T)/圈高(H)/扭曲(W)] <180.0000>：t

输入圈数 <0.2000>：0.2

指定螺旋高度或 [轴端点(A)/圈数(T)/圈高(H)/扭曲(W)] <180.0000>：180

（21）扫掠处理。在命令行中输入 sweep，或者单击"三维制作控制台"工具栏中的 按钮。对象选择绘制的多边形，扫掠路径选择螺旋线，效果如图 3-51 所示。

命令：_sweep

当前线框密度： ISOLINES=4

选择要扫掠的对象：找到 1 个

选择要扫掠的对象：

选择扫掠路径或 [对齐(A)/基点(B)/比例(S)/扭曲(T)]：s

输入比例因子或 [参照(R)] <1.0000>：0.2

选择扫掠路径或 [对齐(A)/基点(B)/比例(S)/扭曲(T)]:

（22）剖切处理。在命令行中输入 slice，或者单击"三维制作控制台"工具栏中的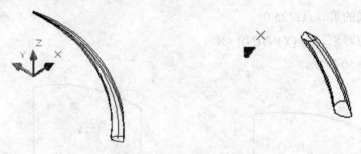按钮，切去多余部分，对齿进行剖切处理。效果如图 3-52 所示。

图 3-51　扫掠处理　　　　　　　　　　　图 3-52　剖切处理

（23）移动处理。在命令行中输入 move，或者单击"修改"工具栏中的➕按钮，或者选择"修改"｜"移动"命令，将上述实体移回坐标原点。

（24）阵列处理。在命令行中输入 ar，或者单击"修剪"工具栏中🔡按钮，选取实体进行三维环形阵列，阵列中心为圆心，阵列数目为 24，出现如图 3-53 所示的对话框。

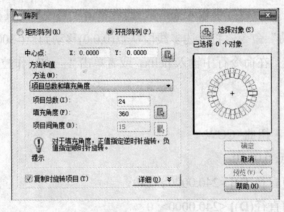

图 3-53　阵列对话框

单击🔲选择阵列对象后点 ⬚ 确定 ⬚，效果如图 3-54 所示。

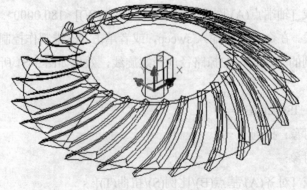

图 3-54　阵列处理

（25）并集处理。输入 union 命令，或单击"三维制作控制台"｜"实体编辑"工具栏中 ⬤⬤ 按钮，将阵列的所有实体进行并集运算，如图 3-55 所示。

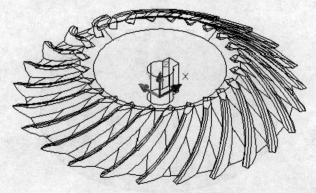

图 3-55　并集处理

（26）移动处理。在命令行中输入 move，或者单击"修改"工具栏中的 ✚ 按钮，或者选择"修改"｜"移动"命令，将实体移出坐标原点。

（27）消隐处理。单击"渲染"工具栏中 🔲 按钮，进行消隐处理，得到如图 3-56 所示的效果。

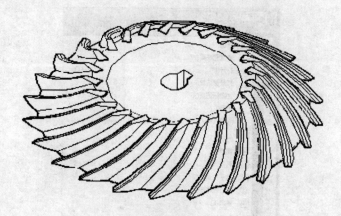

图 3-56　消隐处理

（28）渲染处理。单击"渲染控制台"工具栏中 🔴 按钮，选择适当的材质，渲染后效果如图 3-37 所示。

3.4　盘形齿轮

通过盘形齿轮的制作，介绍圆形阵列命令、扫掠等命令的使用。

本实例的基本思路是做出盘形齿轮的平面图形，然后拉伸，得到轮盘、轮轴，先画一个齿，再阵列得到整个齿，最后合并实体，如图 3-57 所示。制作过程中主要使用二维平面图形拉伸的 extrude 命令、三位实体进行阵列处理的 trim 命令，以及三维实体进行布尔运算的 union 命令和 subtract 命令。

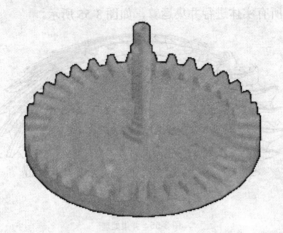

图 3-57　盘形齿轮

具体操作步骤如下：

（1）在 AutoCAD 2010 中选择"文件" | "新建"菜单项，如图 3-58 所示，或单击 ▭ 按钮。

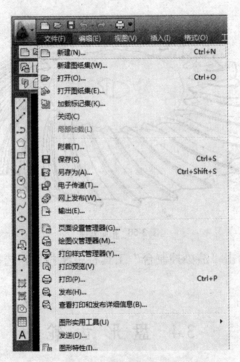

图 3-58　"文件" | "新建"菜单选项

系统将弹出如图 3-59 所示的"选择样板"对话框，选择 acadiso.dwt 样板，单击 打开(O) ▾ 按钮，开始一张图形。

（2）绘制圆。在命令行中输入 circle，或者单击"绘图"工具栏中的 ⊘ 按钮，以原点为圆心，200 为半径，如图 3-60 所示。

图 3-59　选择样板

（3）绘制圆。在命令行中输入 circle，或者单击"绘图"工具栏中的 ⊘ 按钮，以(0，0，100)为圆心，18 为半径。

（4）绘制圆。在命令行中输入 circle，或者单击"绘图"工具栏中的 ⊘ 按钮，以原点为圆心，10，14，18，26，34 为半径，如图 3-61 所示。

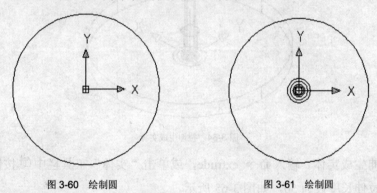

图 3-60　绘制圆　　　　　　　　　　　　　图 3-61　绘制圆

（5）拉伸生成实体。切换到西南视图，输入命令 extrude，或单击"实体"工具栏中 ⬚ 按钮，拉伸半径为 200 的圆，拉伸长度设为 30，如图 3-62 所示。

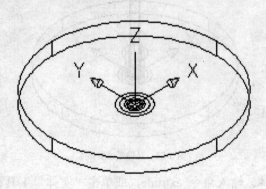

图 3-62　拉伸生成实体

（6）拉伸生成实体。输入命令 extrude，或单击"实体"工具栏中 按钮，拉伸半径为 10，14 的圆，拉伸长度设为 240，如图 3-63 所示。

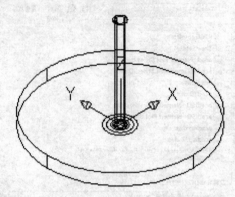

图 3-63　拉伸生成实体

（7）拉伸生成实体。输入命令 extrude，或单击"实体"工具栏中 按钮，拉伸半径为 18 的圆，拉伸长度设为 60，如图 3-64 所示。

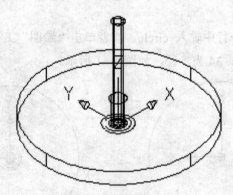

图 3-64　拉伸生成实体

（8）拉伸生成实体。输入命令 extrude，或单击"实体"工具栏中 按钮，拉伸半径为 26 的圆，拉伸长度设为 50，如图 3-65 所示。

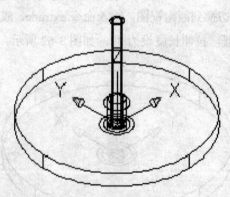

图 3-65　拉伸生成实体 1

（9）拉伸生成实体。输入命令 extrude，或单击"实体"工具栏中 按钮，拉伸半径为 34 的圆，拉伸长度设为 40，如图 3-66 所示。

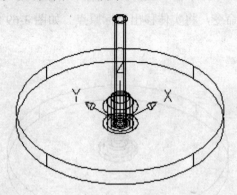

图 3-66 拉伸生成实体 2

（10）拉伸生成实体。输入命令 extrude，或单击"实体"工具栏中 按钮，拉伸半径为 18 的圆，拉伸长度设为 100，如图 3-67 所示。

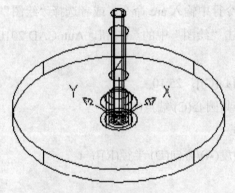

图 3-67 拉伸实体 3

（11）差集处理。输入 subtract 命令，或单击"三维制作控制台"｜"实体编辑"工具栏中 按钮，将半径 10，14 拉伸实体进行差集运算。

（12）并集处理。输入 union 命令，或单击"三维制作控制台"｜"实体编辑"工具栏中 按钮，将所有拉伸实体进行并集运算，如图 3-68 所示。

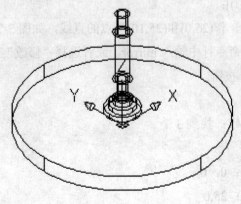

图 3-68 并集处理

（13）移动处理。在命令行中输入 move，或者单击"修改"工具栏中的 ✛ 按钮，或者选择"修改"｜"移动"命令，将实体移出坐标原点。如图 3-69 所示。

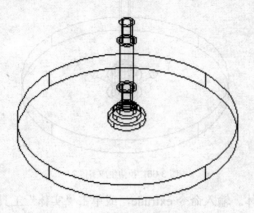

图 3-69　移动处理

（14）作圆弧。在命令行中输入 arc 命令，或者选择"绘图"｜"圆弧"｜"起点、端点、半径"命令，或者单击"绘图"中的 ⌒ 按钮。AutoCAD 2010 会出现以下提示：

命令：arc

指定圆弧的起点或[圆心(C)]：25,10

指定圆弧的第二个点或[圆心(C)/端点(E)]：e

指定圆弧的端点：0,5

指定圆弧的圆心或[角度(A)/方向(D)/半径(R)]：r

指定圆弧的半径：45

（15）作线段。在命令行中输入 line 命令，或者选择"绘图"｜"直线"命令，或者单击"绘图"工具栏中的 ╱ 按钮，AutoCAD 2010 会依次出现以下提示：

命令：line

指定第一点：0,0

指定下一点或[放弃(U)]：0,5

指定下一点或[放弃(U)]：

（16）重复上述命令，作(25,0)和(25,10)两点的直线，如图 3-70 所示。

（17）镜像处理。在命令行中输入 mirror，或者选择"修改"｜"镜像"命令，或者单击"镜像"工具栏中的 ⚌ 按钮。

命令：mirror

选择对象：指定对角点：找到 3 个

选择对象：

指定镜像线的第一点：0，0

指定镜像线的第二点：25,0

是否删除源对象？[是(Y)/否(N)] <N>：

效果如图 3-71 所示。

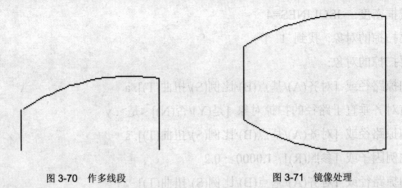

图 3-70 作多线段　　　　　　　　　　图 3-71 镜像处理

（18）创建面域。在命令行中输入 region，或单击"绘图"工具栏中 按钮，选取多线段图形，创建面域。

（19）移动处理。命令行中输入 move，或者单击"修改"工具栏中的 按钮，或者选择"修改"｜"移动"命令，将上述多线段从点(0,0,0)移动到点(0,-300,0)。

（20）绘制圆。在命令行中输入 circle，或者单击"绘图"工具栏中的 按钮，以原点为圆心，200，160 为半径，如图 3-72 所示。

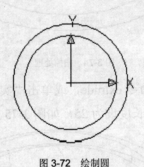

图 3-72 绘制圆

（21）绘制线段。在命令行输入 line，或者单击"绘图"工具栏中的 按钮，作与两圆相交的段线，如图 3-73 所示。

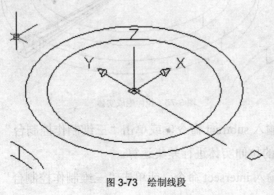

图 3-73 绘制线段

（22）扫掠处理。在命令行中输入 sweep，或者单击"三维制作控制台"工具栏中的按钮。对象选择绘制的多边形，扫掠路径选择螺旋线，效果如图 3-74 所示。

命令: _sweep

当前线框密度: ISOLINES=4

选择要扫掠的对象: 找到 1 个

选择要扫掠的对象:

选择扫掠路径或 [对齐(A)/基点(B)/比例(S)/扭曲(T)]: a

扫掠前对齐垂直于路径的扫掠对象 [是(Y)/否(N)] <是>: y

选择扫掠路径或 [对齐(A)/基点(B)/比例(S)/扭曲(T)]: s

输入比例因子或 [参照(R)] <1.0000>: 0.2

选择扫掠路径或 [对齐(A)/基点(B)/比例(S)/扭曲(T)]:

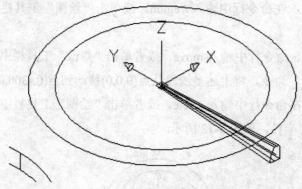

图 3-74 扫掠处理

（23）拉伸生成实体。输入命令 extrude，或单击"实体"工具栏中 按钮，拉伸半径为 200，160 的圆和多线段，拉伸长度设为 25，如图 3-75 所示。

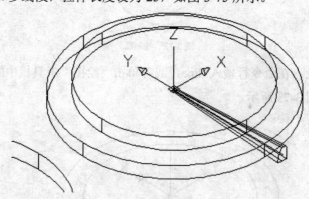

图 3-75 拉伸生成实体

（24）差集处理。输入 subtract 命令，或单击"三维制作控制台"｜"实体编辑"工具栏中 按钮，将两个圆的拉伸实体进行差集运算。

（25）交集处理。输入 intersect 命令，或单击"三维制作控制台"｜"实体编辑"工具栏中 按钮，将所有拉伸实体进行交集运算，如图 3-76 所示。

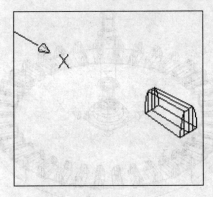

图 3-76 交集处理

（26）阵列处理。在命令行中输入 ar，或者单击"修剪"工具栏中 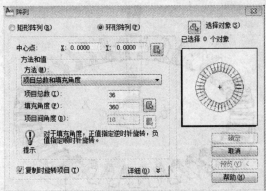 按钮，选取实体进行三维环形阵列，阵列中心为圆心，阵列数目为 36，如图 3-77 所示。阵列效果如图 3-78 所示。

图 3-77 阵列处理

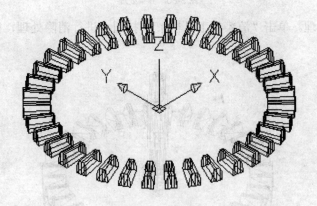

图 3-78 阵列效果

（27）并集处理。将阵列得到的实体进行并集处理。

（28）移动处理。在命令行中输入 move，或者单击"修改"工具栏中的 ✛ 按钮，或者选择"修改"｜"移动"命令，将盘形实体移到坐标原点。将阵列实体从（0，0，0）移动到（0，0，25），如图 3-79 所示。

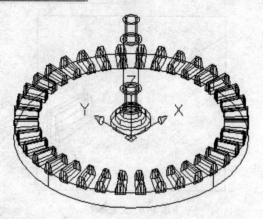

图 3-79　移动处理

（29）并集处理。输入 union 命令，或单击"三维制作控制台" | "实体编辑"工具栏中 按钮，将所有拉伸实体进行并集运算，如图 3-80 所示。

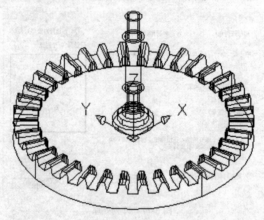

图 3-80　并集处理

（30）消隐处理。单击"渲染"工具栏中 按钮，进行消隐处理，得到如图 3-81 所示的效果。

图 3-81　消隐处理

（31）渲染处理。单击"渲染控制台"工具栏中 按钮，选择适当的材质，渲染后效果如图 3-57 所示。

思 考 题

1. 简述 AutoCAD 中齿轮类零件建模的基本过程。
2. 按照书中的讲述，动手完成各个零件的建模。
3. 齿轮类零件建模的常用命令有哪些？

第 4 章　凸轮类零件建模

【内容】

学习绘制凸轮。使用 PLINE 命令绘制多段线和使用 PEDIT 命令编辑多段线；使用 EXTRUDE 命令对实体进行拉伸；使用 UNION 命令对实体进行三维实体编辑；使用 RENDER 命令对实体进行渲染处理。

【实例】

实例 1：圆柱凸轮建模。

实例 2：盘形凸轮建模。

实例 3：端面凸轮建模。

实例 4：移动凸轮建模。

【目的】

通过学习，用户应掌握使用二维平面图形拉伸的 extrude 命令、三维实体进行镜像处理的 mirror 命令，以及三维实体进行布尔运算的 union 命令和 subtract 命令。

4.1　圆柱凸轮

通过圆柱凸轮的制作，介绍拉伸、三维镜像命令的使用。本实例的基本思路是做出凸轮轮头的平面图形，然后拉伸，得到轮头。再拉伸得到凸轮轮杆，如图 4-1 所示。制作过程中主要使用二维平面图形拉伸的 extrude 命令、三维实体进行镜像处理的 mirror 命令，以及三维实体进行布尔运算的 union 命令和 subtract 命令。

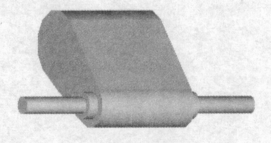

图 4-1　凸轮

操作步骤

（1）在 AutoCAD 2010 中选择 "文件" | "新建" 菜单项，如图 4-2 所示，或单击 按钮。系统将弹出如图 4-3 所示的 "选择样板" 对话框，选择 acadiso.dwt 样板，单击 打开(O)

按钮，开始一张图形。

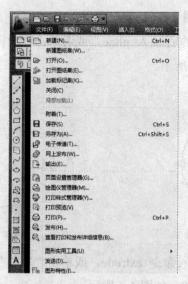

图 4-2 "文件" | "新建" 菜单选项

图 4-3 选择样板

（2）绘制圆。在命令行中输入 circle，或者单击"绘图"工具栏中的 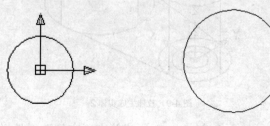 按钮，以原点为圆心，80 为半径，如图 4-4 所示。

（3）绘制圆。在命令行中输入 circle，或者单击"绘图"工具栏中的 按钮，以(300，0，0)为圆心，120 为半径，如图 4-5 所示。

图 4-4 绘制圆 1 　　　　　　图 4-5 绘制圆 2

（4）绘制圆。在命令行中输入 circle，或者单击"绘图"工具栏中的⊘按钮，以原点为圆心，50，30 为半径，如图 4-6 所示。

（5）绘制多段线。在命令行输入 pline，或者单击"绘图"工具栏中的↵按钮，作与两圆相切的多段线，如图 4-7 所示。

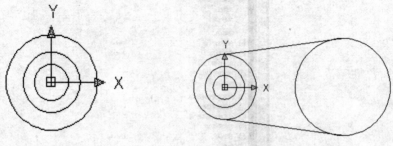

图 4-6 绘制圆 3   图 4-7 绘制多段线

（6）拉伸生成实体。输入命令 extrude，或单击"实体"工具栏中◫按钮，拉伸半径为 80 的圆，拉伸长度设为 200，如图 4-8 所示。

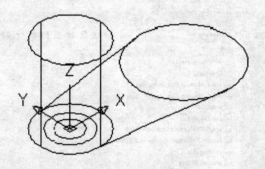

图 4-8 拉伸生成实体 1

（7）拉伸生成实体。输入命令 extrude，或单击"实体"工具栏中◫按钮，拉伸半径为 120 的圆，拉伸长度设为 200，如图 4-9 所示。

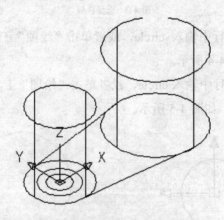

图 4-9 拉伸生成实体 2

（8）拉伸生成实体。输入命令 extrude，或单击"实体"工具栏中◫按钮，拉伸半径为 50 的圆，拉伸长度设为 240，如图 4-10 所示。

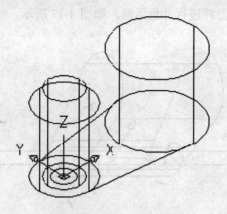

图 4-10　拉伸生成实体 3

（9）拉伸生成实体。输入命令 extrude，或单击"实体"工具栏中 按钮，拉伸半径为 30 的圆，拉伸长度设为 500，如图 4-11 所示。

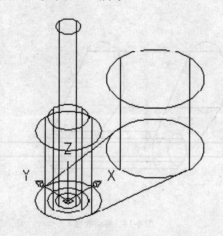

图 4-11　拉伸生成实体 4

（10）镜像处理。在命令行中输入 mirror，或者选择"修改"｜"镜像"命令，或者单击"镜像"工具栏中的 按钮，以 zx 为轴进行镜像处理，如图 4-12 所示。

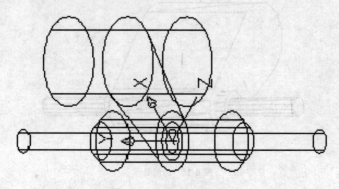

图 4-12　镜像处理

（11）并集处理。输入 union 命令，或单击"三维制作控制台"|"实体编辑"工具栏中 ⬤ 按钮，将镜像的凸轮及杆进行并集运算，如图 4-13 所示。

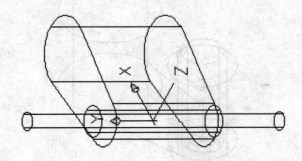

图 4-13 并集处理

（12）移动处理。在命令行中输入 move，或者单击"修改"工具栏中的 ✛ 按钮，或者选择"修改"|"移动"命令，将实体移出坐标原点，如图 4-14 所示。

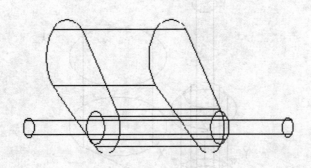

图 4-14 移动处理

（13）消隐处理。单击"渲染"工具栏中 ⬤ 按钮，进行消隐处理，得到如图 4-15 所示的效果。

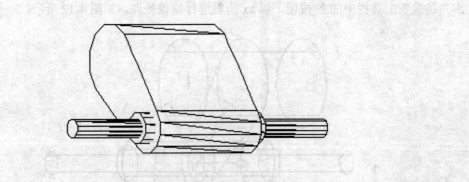

图 4-15 消隐处理

（14）渲染处理。单击"渲染控制台"工具栏中 ❤ 按钮，选择适当的材质，渲染后效果如图 4-1 所示。

4.2　盘 形 凸 轮

通过盘形凸轮的制作，介绍拉伸、布尔运算命令的使用。本实例的基本思路是做出盘形凸轮的平面图形，然后拉伸，得到轮盘、轮轴，最后合并实体，如图 4-16 所示。制作过程主要使用二维平面图形拉伸的 extrude 命令，三维实体进行布尔运算的 union 命令。

图 4-16　盘形凸轮

操作步骤

（1）在 AutoCAD 2010 中选择"文件"｜"新建"菜单项，如图 4-17 所示，或单击 ▢ 按钮。系统将弹出如图 4-18 所示的"选择样板"对话框，选择 acadiso.dwt 样板，单击 打开(O) ▾ 按钮，开始一张图形。

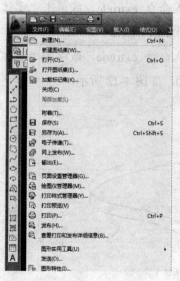

图 4-17　"文件"｜"新建"菜单选项

图 4-18　选择样板

（2）绘制样条曲线。在命令行中输入 spline，或者单击"绘图"工具栏中的 ∼ 按钮，绘制一条闭合曲线，如图 4-19 所示。

（3）绘制圆。在命令行中输入 circle，或者单击"绘图"工具栏中的 ⊙ 按钮，以原点为圆心，10，15，20，30 为半径，如图 4-20 所示。

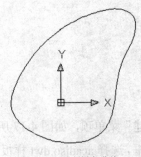

图 4-19　绘制样条曲线

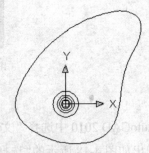

图 4-20　绘制圆

（4）拉伸生成实体。输入命令 extrude，或单击"实体"工具栏中 ▥ 按钮，拉伸样条曲线，拉伸长度设为 20，如图 4-21 所示。

（5）拉伸生成实体。输入命令 extrude，或单击"实体"工具栏中 ▥ 按钮，拉伸半径为 10 的圆，拉伸长度设为 300，如图 4-22 所示。

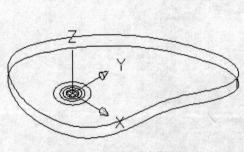

图 4-21　拉伸生成实体 1

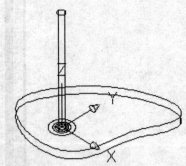

图 4-22　拉伸生成实体 2

（6）拉伸生成实体。输入命令 extrude，或单击"实体"工具栏中 ▥ 按钮，拉伸半径为 15 的圆，拉伸长度设为 100，如图 4-23 所示。

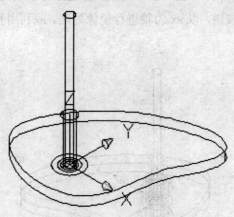

图 4-23　拉伸生成实体 3

（7）拉伸生成实体。输入命令 extrude，或单击"实体"工具栏中 按钮，拉伸半径为 20 的圆，拉伸长度设为 50，如图 4-24 所示。

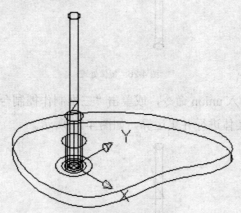

图 4-24　拉伸生成实体 4

（8）拉伸生成实体。输入命令 extrude，或单击"实体"工具栏中 按钮，拉伸半径为 30 的圆，拉伸长度设为 30，如图 4-25 所示。

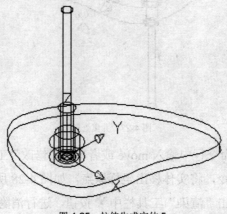

图 4-25　拉伸生成实体 5

（9）镜像处理。在命令行中输入 mirror，或者选择"修改"｜"镜像"命令，或者单击"镜像"工具栏中的 ⚐ 按钮，以 zx 为轴进行镜像处理。或利用复制命令复制实体另一半，如图 4-26 所示。

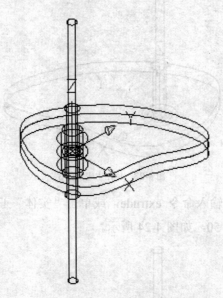

图 4-26　镜像处理

（10）并集处理。输入 union 命令，或单击"三维制作控制台"｜"实体编辑"工具栏中 ⬤ 按钮，将所有拉伸实体进行并集运算，如图 4-27 所示。

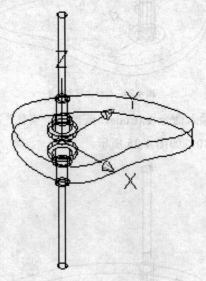

图 4-27　并集处理

（11）移动处理。在命令行中输入 move 或者单击"修改"工具栏中的 ✛ 按钮，或者选择"修改"｜"移动"命令，将实体移出坐标原点，如图 4-28 所示。

（12）消隐处理。单击"渲染"工具栏中 ⬤ 按钮，进行消隐处理，得到如图 4-29 所示的效果。

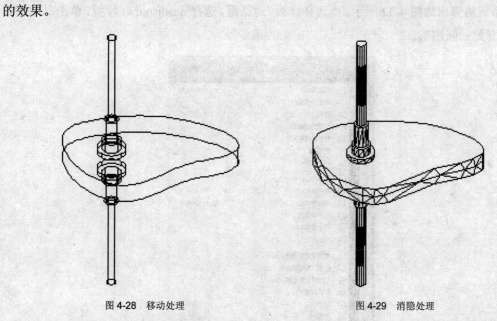

图 4-28　移动处理　　　　　　　　　　　　　图 4-29　消隐处理

（13）渲染处理。单击"渲染控制台"工具栏中 按钮，选择适当的材质，渲染后的效果如图 4-16 所示。

4.3　端面凸轮

本实例的基本思路是做出端面凸轮的平面图形，然后拉伸，得到轮盘、轮轴，最后合并实体，如图 4-30 所示。制作过程主要使用二维平面图形拉伸的 extrude 命令、三维实体进行布尔运算的 union 命令和 subtract 命令以及三维镜像等命令的使用。

图 4-30　端面凸轮

操作步骤

（1）在 AutoCAD 2010 中选择"文件"｜"新建"菜单项，如图 4-31 所示，或单击按钮。系统将弹出如图 4-32 所示的"选择样板"对话框,选择 acadiso.dwt 样板,单击 打开(0) 按钮,开始一张图形。

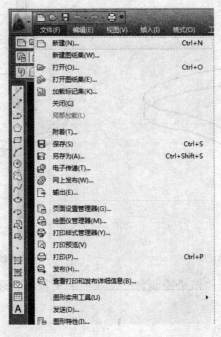

图 4-31 "文件" | "新建" 菜单选项

图 4-32 选择样板

(2) 绘制样条曲线。在命令行中输入 spline,或者单击"绘图"工具栏中的 ⌒ 按钮,绘制一条闭合曲线,如图 4-33 所示。

(3) 绘制等距线。输入命令 offset,将样条曲线分别偏移 50,70 得到两条曲线,效果如图 4-34 所示。

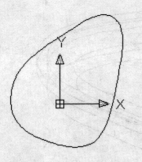
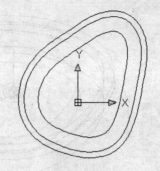

图 4-33　绘制样条曲线　　　　　　　　　　图 4-34　绘制等距线

（4）绘制圆。在命令行中输入 circle，或者单击"绘图"工具栏中的按钮，以原点为圆心，10，15，20，30 为半径，如图 4-35 所示。

（5）复制曲线。输入命令 copy，或单击"修改"工具栏中 按钮，将第二、三条曲线复制到任意位置，如图 4-36 所示。

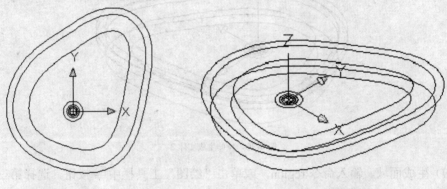

图 4-35　绘制圆　　　　　　　　　　　　图 4-36　复制曲线

（6）拉伸生成实体。输入命令 extrude，或单击"实体"工具栏中 按钮，拉伸样第一条曲线，拉伸长度设为 20，如图 4-37 所示。

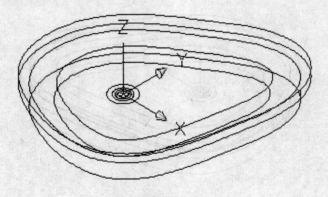

图 4-37　拉伸生成实体 1

（7）拉伸生成实体。输入命令 extrude，或单击"实体"工具栏中 按钮，拉伸样第二条曲线，拉伸长度设为 20，如图 4-38 所示。

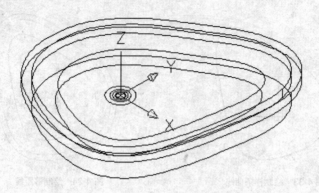

图 4-38　拉伸生成实体 2

（8）差集处理。输入 subtract 命令，或单击"三维制作控制台"｜"实体编辑"工具栏中◎按钮，将两个曲线的拉伸实体进行差集运算，如图 4-39 所示。

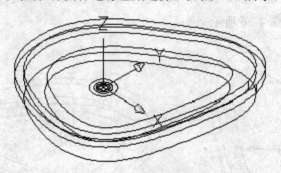

图 4-39　拉伸生成实体 3

（9）生成面域。输入命令 region，或单击"绘图"工具栏中◎按钮，选择第三条曲线并生成面域。

（10）拉伸生成实体。输入命令 extrude，或单击"实体"工具栏中的◻按钮，拉伸刚才生成的面域，拉伸长度设为 20，如图 4-40 所示。

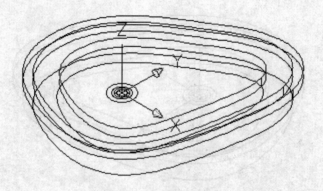

图 4-40　拉伸生成实体 4

（11）拉伸生成实体。将复制的第二、三条曲线移回原位置，输入命令 extrude，或单击"实体"工具栏中◻按钮，这两条曲线拉伸长度设为 5，如图 4-41 所示。

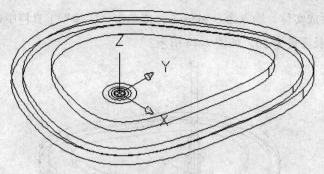

图 4-41　拉伸生成实体 5

（12）差集处理。输入 subtract 命令，或单击"三维制作控制台"｜"实体编辑"工具栏中 按钮，将两个曲线的拉伸实体进行差集运算。

（13）拉伸生成实体。输入命令 extrude，或单击"实体"工具栏中 按钮，拉伸半径为 10 的圆，拉伸长度设为 300，如图 4-42 所示。

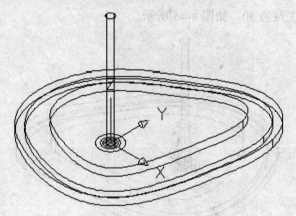

图 4-42　拉伸生成实体 6

（14）拉伸生成实体。输入命令 extrude，或单击"实体"工具栏中 按钮，拉伸半径为 15 的圆，拉伸长度设为 100，如图 4-43 所示。

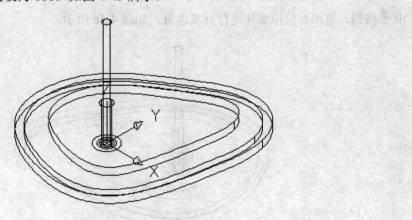

图 4-43　拉伸生成实体 7

（15）拉伸生成实体。输入命令 extrude，或单击"实体"工具栏中 ▱ 按钮，拉伸半径为 20 的圆，拉伸长度设为 50，如图 4-44 所示。

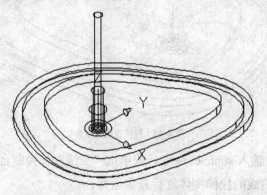

图 4-44　拉伸生成实体 8

（16）拉伸生成实体。输入命令 extrude，或单击"实体"工具栏中 ▱ 按钮，拉伸半径为 30 的圆，拉伸长度设为 30，如图 4-45 所示。

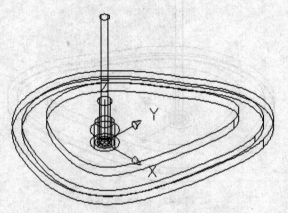

图 4-45　拉伸生成实体 9

（17）并集处理。输入 union 命令，或单击"三维制作控制台"｜"实体编辑"工具栏中 ◉ 按钮，将所有拉伸实体进行并集运算，如图 4-46 所示。

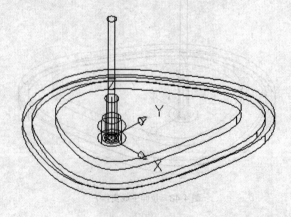

图 4-46　并集处理

（18）移动处理。在命令行中输入 move 或者单击"修改"工具栏中的 ✛ 按钮，或者选择"修改"｜"移动"命令，将实体移出坐标原点，如图 4-47 所示。

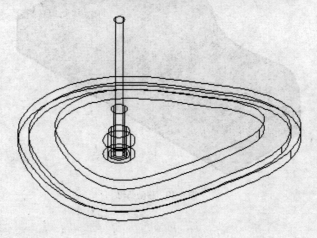

图 4-47　移动处理

（19）消隐处理。单击"渲染"工具栏中 按钮，进行消隐处理，得到如图 4-48 所示的效果。

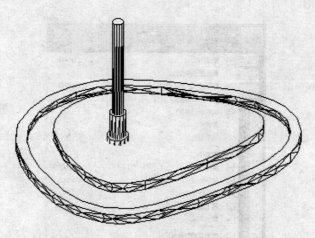

图 4-48　消隐处理

（20）渲染处理。单击"渲染控制台"工具栏中 按钮，选择适当的材质，渲染后的效果如图 4-30 所示。

4.4　移　动　凸　轮

本实例的基本思路是做出移动凸轮的平面图形，然后拉伸，得到实体，如图 4-49 所示。在制作过程中，主要使用二维平面图形拉伸的 extrude 命令。

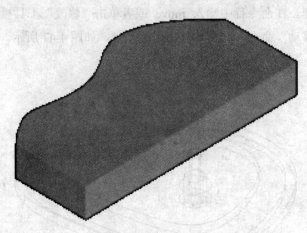

图 4-49 移动凸轮

操作步骤

（1）在 AutoCAD 2010 中选择"文件"｜"新建"菜单项，如图 4-50 所示，或单击 按钮。系统将弹出如图 4-51 所示的"选择样板"对话框，选择 acadiso.dwt 样板，单击 打开(O) 按钮，开始一张图形。

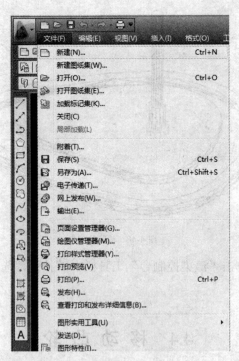

图 4-50 "文件"｜"新建"菜单选项

（2）绘制多段线。在命令行输入 pline，或者单击"绘图"工具栏中的 按钮，绘制多段线，如图 4-52 所示。

图 4-51 选择样板

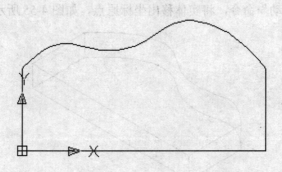

图 4-52 绘制多段线

（3）编辑多段线。运用"修剪""删除"等命令对多段线进行编辑。

（4）创建面域。在命令行中输入 region，或单击"绘图"工具栏中 按钮，选取多线段图形，创建面域。

（5）转换视图。单击"视图"工具栏中 按钮，切换到西南视图，效果如图 4-53 所示。

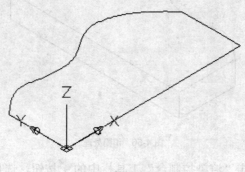

图 4-53 转换视图

（6）拉伸生成实体。输入命令 extrude，或单击"实体"工具栏中 按钮，拉伸上面生成的面域，拉伸长度设为 40，如图 4-54 所示。

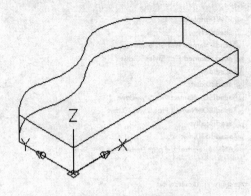

图 4-54　拉伸生成实体

（7）移动处理。在命令行中输入 move，或者单击"修改"工具栏中的 按钮，或者选择"修改"｜"移动"命令，将实体移出坐标原点，如图 4-55 所示。

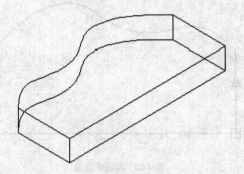

图 4-55　移动处理

（8）消隐处理。单击"渲染"工具栏中 按钮，进行消隐处理，得到如图 4-56 所示的效果。

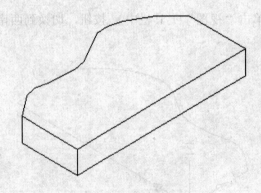

图 4-56　消隐处理

（9）渲染处理。单击"渲染控制台"工具栏中的 按钮，选择适当的材质，渲染后的效果如图 4-49 所示。

思 考 题

1. 简述 AutoCAD 中凸轮类零件的建模的基本过程。

2. 按照书中的讲述，动手完成各个零件的建模。

3. 凸轮类零件建模常用的命令有哪些？

第 5 章 叶轮、叶片类零件建模

【内容】

本章介绍绘制叶轮、叶片。在绘制过程中，要学习到设置图层、圆柱、球体、布尔运算、多线段、拉伸、旋转、阵列、渲染等命令，同时也要巩固前面学到的命令。

【实例】

实例：风扇叶片建模。

【目的】

通过风扇叶片实体图的绘制，重点介绍转轴圆柱体一端圆弧面的生成，风扇叶片复杂形状实体的生成，使实体与坐标系基准面呈一定角度的方法。

5.1 实 例 说 明

本实例将通过风扇叶片实体图的绘制，重点介绍转轴圆柱体一端圆弧面的生成，风扇叶片复杂形状实体的生成，令实体与坐标系基准面呈一定角度的方法，效果如图 5-1 所示。

图 5-1 风扇叶片

5.2 操 作 步 骤

具体操作步骤如下：

（1）设置图层。建立 fan，axes，box，back 和 button 五个新的图层，并赋予它们不同的颜色。其中，fan 图层绘制风扇的叶片，axes 图层绘制转轴，box 图层绘制风扇的前壳，

back 图层绘制后壳，而 button 图层绘制风扇上的按钮。

（2）绘制转轴。将 axes 图层设置为当前图层，用来绘制风扇的转轴。选择"视图"｜"三维视图"｜"西南等轴测"命令，或单击"视图"工具栏中 按钮，将视图模式设置为西南等轴测视图模式。使用 isolines 命令设置线框密度，AutoCAD2010 将出现如下提示：

命令：_View　输入选项 [?/正交(O)/删除(D)/恢复(R)/保存(S)/UCS(U)/窗口(W)]：_swiso
正在重生成模型

命令：ISOLines

输入 ISOLINES 的新值　<4>:8

（3）使用"圆柱"和"球体"工具，或单击"三维制作控制台"工具栏中 和 按钮，绘制组成转轴轮廓的两个实体。AutoCAD 2010 将出现如下提示：

命令：_cylinder

当前线框密度：ISOLINES＝8

指定圆柱体底面的中心点或[椭圆(E)] <0,0,0>:

指定圆柱体底面的半径或[直径(D)]: 80

指定圆柱体高度或[另一个圆心(C)]: -200

命令：_sphere

当前线框密度：ISOLINES＝8

指定球体球心 <0,0,0>: 0,0,-50

指定球体半径或[直径(D)]: 150

得到两个重合的球体和圆柱体，如图 5-2 所示。

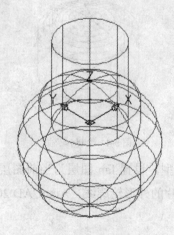

图 5-2　圆柱和球体

（4）使用"交集"工具，或单击"三维制作控制台"工具栏中 按钮，生成转轴的轮廓，AutoCAD 2010 将出现如下提示：

命令：_intersect

选择对象：找到 1 个

选择对象：找到 1 个，总计 2 个

选择对象：

从图 5-3 中可以看到，这个转轴的形状是一段为圆弧面的圆柱体。在 AutoCAD 2010 中生成圆弧面，往往就是利用球体或者圆柱体的圆弧面与其他实体进行布尔运算得到的。

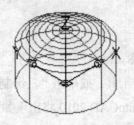

图 5-3 转轴

（5）选择"实体" | "圆柱体"命令，或单击"三维制作控制台"工具栏中 按钮，生成这个转轴下部比较细的一段。AutoCAD 2010 将出现如下提示：

命令：_cylinder

当前线框密度：ISOLINES=8

指定圆柱体底面的中心点或[椭圆(E)] <0,0,0>:

指定圆柱体底面的半径或[直径(D)]: 50

指定圆柱体高度或[另一个圆心(C)]: C

指定圆柱的另一个圆心：@0,0，-50

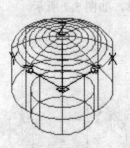

图 5-4 绘制小转轴

（6）绘制风扇叶片实体模型。设置 fan 图层为当前图层，使用多段线工具，单击绘图工具栏中 按钮，绘制风扇叶片的外形轮廓线，AutoCAD 2010 将出现如下提示：

命令：_pline

指定起点：-50，50

当前线宽为 0.0000

指定下一个点或[圆弧(A) / 半宽(H) / 长度(L) / 放弃(U) / 宽度(W)]：@100,0

指定下一点或[圆弧(A) / 闭合(C) / 半宽(H) / 长度(L) / 放弃(U) / 宽度(W)]：a

指定圆弧的端点或[角度(A)／圆心(CE)／闭合(CL)／方向(D)／半宽(H)／直线(L)／半径(R)／第二个点(S)／放弃(U)／宽度(W)]：@160,360

指定圆弧的端点或[角度(A)／圆心(CE)／闭合(CL)／方向(D)／半宽(H)／直线(L)／半径(R)／第二个点(S)／放弃(U)／宽度(W)]：@-600，0

指定圆弧的端点或[角度(A)／圆心(CE)／闭合(CL)／方向(D)／半宽(H)／直线(L)／半径(R)／第二个点(S)／放弃(U)／宽度(W)]：@20，-120

指定圆弧的端点或[角度(A)／圆心(CE)／闭合(CL)／方向(D)／半宽(H)／直线(L)／半径(R)／第二个点(S)／放弃(U)／宽度(W)]：d

指定圆弧的起点切向：@1，0

指定圆弧的端点：-50,50

指定圆弧的端点或[角度(A)／圆心(CE)／闭合(CL)／方向(D)／半宽(H)／直线(L)／半径(R)／第二个点(S)／放弃(U)／宽度(W)]：

形成风扇叶片的轮廓线大致如图 5-5 所示。

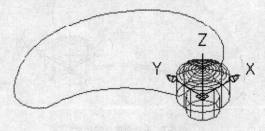

图 5-5　叶片轮廓线

（7）使用"拉伸"工具，或单击"三维制作控制台""实体"工具栏中的 按钮，生成叶片的实体模型。AutoCAD 2010 将出现如下提示：

命令：_extrude

当前线框密度：ISOLINES＝8

选择对象：找到 1 个

选择对象：

指定拉伸高度或[路径(P)]：10

指定拉伸的倾斜角度<0>：

这样就生成了一个风扇叶片的实体模型，如图 5-6 所示。

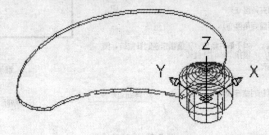

图 5-6　叶片实体模型

（8）安装风扇叶片。使用"三维旋转"工具，或单击"三维制作控制台"工具栏中⊕按钮，将叶片旋转一定的角度，以便能安装在转轴上。AutoCAD 2010 将出现如下提示：

命令：_rotate3d

当前正向角度：ANGDIR＝逆时针　　ANGBASE＝0

选择对象：拉到 1 个

选择对象：

指定基点：-50，50，0

拾取旋转轴：（选择图上 Y 轴）

指定角的起点：-50，50，0

指定角的端点：（选择一定的角度）

此时原本是平放着的风扇叶片旋转了一定角度，如图 5-7 所示。

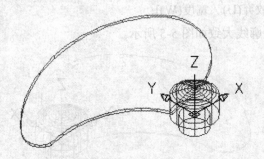

图 5-7　旋转角度后的叶片

（9）使用"阵列"工具安装另外两片风扇叶片。在命令行中输入 ar，或者单击"修剪"工具栏中的品按钮后，弹出"阵列"对话框，选中"环形阵列"单选按钮，如图 5-8 所示，输入"中心点"为（0,0），"项目总数"为 3，单击选择阵列对象按钮后，在绘图区中单击选中风扇叶片实体，最后单击 确定 按钮。AutoCAD 2010 将出现如下提示：

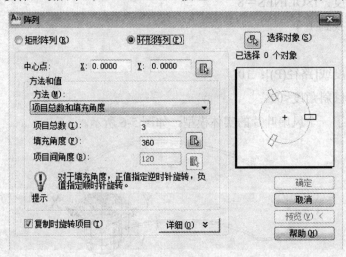

图 5-8　阵列对话框

命令：_array

选择对象：找到 1 个

选择对象：

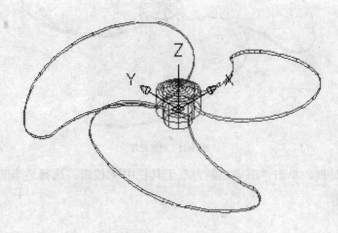

图 5-9   阵列叶片

（10）使用"全部缩放"工具，或单击"三维导航控制台"工具栏中 按钮，改变视图显示模式。AutoCAD 2010 将出现如下提示：

命令：_zoom

指定窗口角点，输入了比例因子(nX 或 nXP)，或

[全部(A) / 中心点(C) / 动态(D) / 范围(E) / 上一个(P) / 比例(S) / 窗口(W)]：<实时>：_all 正在重生成模型

得到这个风扇叶片的实体模型，如图 5-10 所示。

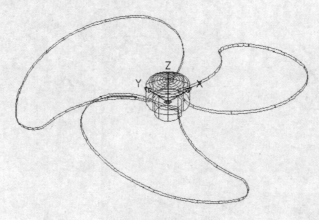

图 5-10   风扇叶片

（11）消隐处理。单击"渲染"工具栏中的 按钮，进行消隐处理，得到如图 5-11 所示的效果。

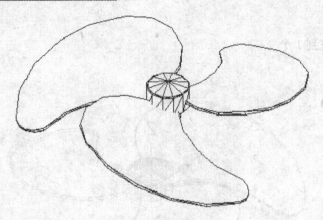

图 5-11　消隐处理

（12）渲染处理。单击"渲染控制台"工具栏中 按钮，选择适当的材质，渲染后的效果如图 5-1 所示。

思　考　题

1. 简述 AutoCAD 中叶轮叶片类零件的建模的基本过程。

2. 按照书中的讲述，动手完成各个零件的建模。

3. 叶轮叶片类零件建模常用的命令有哪些？

第6章 蜗轮、蜗杆类零件建模

【内容】

本章介绍绘制蜗轮、蜗杆。在绘制过程中，要学习到偏移、修剪、镜像、倒角、阵列、拉伸、扫掠、剖切等命令，同时也要巩固前面学到的命令。蜗杆类零件的特点是对称性，可以绘制其一半，另一半通过使用镜像命令来完成。

【实例】

实例1：蜗轮建模。

实例2：蜗杆建模。

【目的】

通过蜗轮、蜗杆的制作，使读者掌握三维绘图命令的综合应用。

6.1 蜗　　轮

蜗杆和蜗轮常用于垂直交叉的两轴之间的传动。蜗杆和蜗轮的齿向是螺旋形的。蜗轮的轮齿顶面常制成环面。通常，蜗杆是主动的，蜗轮是从动的。蜗杆的齿数 Z_1，称为头数，相当于螺杆上的螺纹的线数，蜗杆常用单头或双头，也就是蜗杆旋转一周，蜗轮只转过一齿或两个齿。因此，用蜗杆和蜗轮传动，可得到较大的速比 $i(i＝Z_2/Z_1$，Z_1 为蜗轮齿数)。一对啮合的蜗杆和蜗轮，必须有相同模数的螺旋角。

对于蜗杆与蜗轮的绘制，有规定的画法要求，基本上与圆柱齿轮规定的画法相似。但在蜗轮投影为圆的视图中，只须画出分度圆与最大外圆，而齿顶圆和齿根圆不必绘出。蜗杆和蜗轮啮合的剖视图中，当剖切平面通过蜗轮的轴线时，蜗轮轮齿被遮挡部分用虚线绘制或可省略不画。如图 6-1 所示为蜗轮示意图。

图 6-1　蜗轮

蜗杆、蜗轮的参数基本上与圆柱齿轮一样，只是多了一个蜗杆特性系数 q。它反映了蜗杆分度圆直径与模数的关系。

蜗轮的齿形主要决定于蜗杆齿形，一般蜗轮是用形状和尺寸与蜗杆相同的蜗轮滚刀来加工的。但是由于模数相同的蜗杆，可能有好几种不同的直径，因而蜗杆的导程角也不同，为了减少蜗轮滚刀的数目，便于标准化，不但要规定标准模数，还必须规定对应于每一个模数的蜗杆的分度圆直径。蜗杆分度圆直径 d 分与模数 m 之比叫做蜗杆特性系数 q，即

$$q=d_\text{分}/m \quad 或者 \quad d_\text{分}=qm$$

具体操作步骤如下：

（1）在 AutoCAD 2010 中选择"文件"｜"新建"菜单项，如图 6-2 所示，或单击 按钮，系统将弹出如图 6-3 所示的"选择样板"对话框，选择 acadiso.dwt 样板，单击 打开⑩ 按钮，开始一张图形。

图 6-2　"文件"｜"新建"菜单选项

图 6-3　选择样板

（2）作圆弧。在命令行中输入 arc 命令，或者选择"绘图"｜"圆弧"｜"起点、端

点、半径"命令，或者单击"绘图"中的 按钮。AutoCAD 2010 会出现以下提示：

命令：arc

指定圆弧的起点或[圆心(C)]：25,10

指定圆弧的第二个点或[圆心(C)/端点(E)]：e

指定圆弧的端点：0,5

指定圆弧的圆心或[角度(A)/方向(D)/半径(R)]：r

指定圆弧的半径：45

（3）作线段。在命令行中输入 line 命令，或者选择"绘图"｜"直线"命令，或者单击"绘图"工具栏中的 按钮，AutoCAD 2010 会依次出现以下提示：

命令：line

指定第一点：0,0

指定下一点或[放弃(U)]：0,5

指定下一点或[放弃(U)]：

（4）重复上述命令，作(25,0)和(25,10)两点的直线，如图 6-4 所示。

（5）镜像处理。在命令行中输入 mirror，或者选择"修改"｜"镜像"命令，或者单击"镜像"工具栏中的 按钮。

命令：mirror

选择对象：指定对角点：找到 3 个

选择对象：

指定镜像线的第一点：0, 0

指定镜像线的第二点：25,0

是否删除源对象？ [是(Y)/否(N)] <N>：

效果如图 6-5 所示。

图 6-4　作多线段　　　　　　　　　　　　　图 6-5　镜像处理

（6）创建面域。在命令行中输入 region，或单击"绘图"工具栏中 按钮，选取多线段图形，创建面域。

（7）移动处理。在命令行中输入 move，或者单击"修改"工具栏中的 按钮，或者选择"修改"｜"移动"命令，将上述多线段从点(0,0,0)移动到点(-200,0,0)。

（8）作圆。在命令行中输入 circle，或者单击"绘图"工具栏中的 ⊘ 按钮，或者选择"绘图"｜"圆"｜"圆心、半径"命令。

命令：circle

指定圆的圆心或[三点(3P)/两点(2P)/相切、相切、半径(T)]：0,0,0

指定圆的半径或[直径(D)]：100

效果如图 6-6 所示。

（9）转换视图。单击"视图"工具栏中 ❤ 按钮，切换到西南视图，效果如图 6-7 所示。

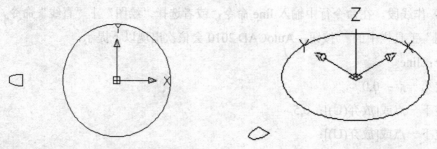

图 6-6　绘制圆　　　　　　　　　　　　　图 6-7　转换视图

（10）拉伸处理。单击 ▣ 按钮或者在命令行中直接输入 extrude，或者选择"修改"｜"拉伸"命令。

命令：extrude

当前线框密度：ISOLINES＝4

选择对象：选择圆

选择对象：

指定拉伸高度或[路径(P)]：40

指定拉伸的倾斜角度 <0>：

效果如图 6-8 所示。

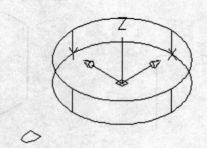

图 6-8　拉伸处理

（11）绘制螺旋线。在命令行中输入 helix，或者单击"三维制作控制台"工具栏中的 ⠿ 按钮。

命令: _helix

圈数 ＝1.0000　　　扭曲=CCW

指定底面的中心点: 0,0,0

指定底面半径或 [直径(D)] <110.0000>: 110

指定顶面半径或 [直径(D)] <110.0000>: 110

指定螺旋高度或 [轴端点(A)/圈数(T)/圈高(H)/扭曲(W)] <180.0000>: t

输入圈数 <1.0000>: 1

指定螺旋高度或 [轴端点(A)/圈数(T)/圈高(H)/扭曲(W)] <180.0000>: 600

效果如图 6-9 所示。

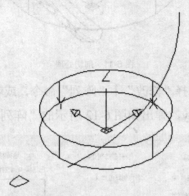

图 6-9　绘制螺旋线

（12）扫掠处理。在命令行中输入 sweep，或者单击"三维制作控制台"工具栏中的 按钮。对象选择绘制的多边形，扫掠路径选择螺旋线，效果如图 6-10 所示。

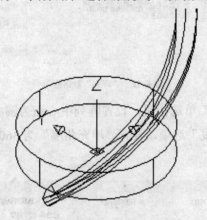

图 6-10　扫掠处理

命令: _sweep

当前线框密度：ISOLINES=4

选择要扫掠的对象: 找到 1 个

选择要扫掠的对象:

选择扫掠路径或 [对齐(A)/基点(B)/比例(S)/扭曲(T)]:

（13）剖切处理。在命令行中输入 slice，或者单击"三维制作控制台"工具栏中的 按钮，切去多余部分，绘制一个适当大小的圆球，对齿进行剖切处理。效果如图 6-11 所示。

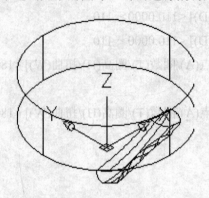

图 6-11　剖切处理

（14）切换到俯视图，选择"修改"｜"阵列"命令，或者单击"绘图"工具栏中的 ⊞ 按钮，或在命令行中输入 array，弹出如图 6-12 所示的"阵列"对话框。

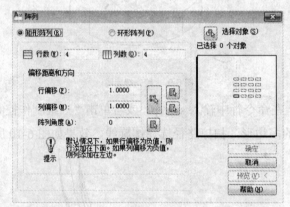

图 6-12　"阵列"对话框

（15）选中"环形阵列"单选按钮，设置阵列中心点为圆心，要"方法"下拉列表框中选择"项目总数和填充角度"选项，设置"填充角度"为 360，"项目总数"为 24，如图 6-13 所示。

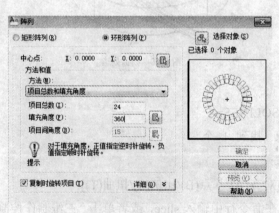

图 6-13　设置阵列参数

（16）设置参数后，单击 按钮，选中上述两条斜线，按回车键返回到"阵列"对话框。单击 确定 按钮，得到如图 6-14 所示的效果。

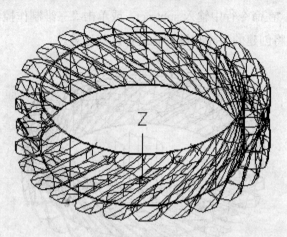

图 6-14　阵列后效果

（17）绘制键槽。综合使用"圆""直线""修剪"和"删除"命令，绘制内部的键槽轮廓图，效果如图 6-15 所示。

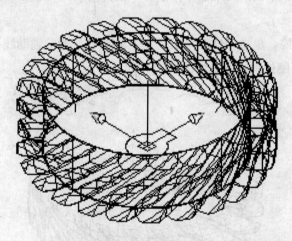

图 6-15　绘制键槽

（18）创建面域。在命令行中输入 region，或单击"绘图"工具栏中 按钮，选取键槽多线段图形，创建面域。

（19）拉伸键槽。单击 按钮或者在命令行中直接输入 extrude，或者选择"修改"｜"拉伸"命令。

命令：extrude

当前线框密度：ISOLINES＝4

选择对象：选择键槽

选择对象：

指定拉伸高度或[路径(P)]：40

指定拉伸的倾斜角度 <0>:

效果如图 6-16 所示。

（20）差集运算。在命令行中输入 subtract，或单击"三维制作控制台"|"实体编辑"工具栏中的 ⊚ 按钮，将创建的齿轮与键槽孔进行差集运算。

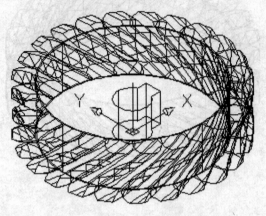

图 6-16 拉伸键槽

（21）并集处理。单击"三维制作控制台"工具栏中 ⊚ 按钮，将旋转所得的所有实体进行并集处理。

（22）删除并消隐。单击"修改"工具栏中 ✎ 按钮，删除辅助线，单击"渲染"工具栏中 ❀ 按钮，进行消隐处理，效果如图 6-17 所示。

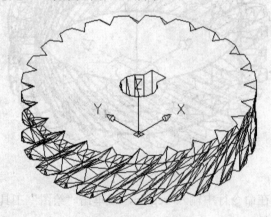

图 6-17 消隐处理

（23）渲染处理。单击"渲染"工具栏中 ❀ 按钮，选择适当的材质，渲染后效果如图 6-1 所示。

6.2 蜗 杆

通过蜗杆的绘制，介绍三维绘图命令的综合应用，效果如图 6-18 所示。

本实例的制作过程主要用到了二维平面图形拉伸的 Extrude 命令、三维实体进行 helix 命令、sweep 命令，以及三维实体布尔运算的 Union 和 Subtract 命令。

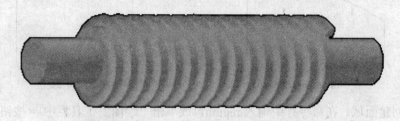

图 6-18　蜗杆

具体操作步骤如下：

（1）作圆弧。在命令行中输入 arc 命令，或者选择"绘图"｜"圆弧"｜"起点、端点、半径"命令，或者单击"绘图"中的 按钮。AutoCAD 2010 会出现以下提示：

命令：arc

指定圆弧的起点或[圆心(C)]：25,10

指定圆弧的第二个点或[圆心(C)/端点(E)]：e

指定圆弧的端点：0,5

指定圆弧的圆心或[角度(A)/方向(D)/半径(R)]：r

指定圆弧的半径：45

（2）作线段。在命令行中输入 line 命令，或者选择"绘图"｜"直线"命令，或者单击"绘图"工具栏中的 按钮，AutoCAD 2010 会依次出现以下提示：

命令：line

指定第一点：0,0

指定下一点或[放弃(U)]：0,5

指定下一点或[放弃(U)]：

（3）重复上述命令，作(25,0)和(25,10)两点的直线，如图 6-19 所示。

（4）镜像处理。在命令行中输入 mirror，或者选择"修改"｜"镜像"命令，或者单击"镜像"工具栏中的 按钮。

命令：mirror

选择对象：指定对角点：找到 3 个

选择对象：

指定镜像线的第一点：0，0

指定镜像线的第二点：25,0

是否删除源对象？[是(Y)/否(N)] <N>：

效果如图 6-20 所示。

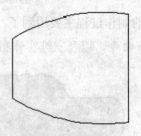

图 6-19 作多线段   图 6-20 镜像处理

（5）创建面域。在命令行中输入 region，或单击"绘图"工具栏中 按钮，选取多线段图形，创建面域。

（6）移动处理。在命令行中输入 move，或者单击"修改"工具栏中的 按钮，或者选择"修改" | "移动"命令，将上述多线段从点(0,0,0)移动到点(-150,0,0)。

（7）作圆。在命令行中输入 circle，或者单击"绘图"工具栏中的 按钮，或者选择"绘图" | "圆" | "圆心、半径"命令。

命令：circle

指定圆的圆心或[三点(3P)/两点(2P)/相切、相切、半径(T)]：0,0,0

指定圆的半径或[直径(D)]：75

效果如图 6-21 所示。

（8）重复上述命令，作半径为 50 的圆。

命令：circle

指定圆的圆心或[三点(3P)/两点(2P)/相切、相切、半径(T)]：0,0,0

指定圆的半径或[直径(D)] <75.0000>：50

效果如图 6-22 所示。

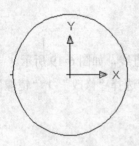

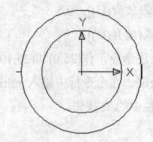

图 6-21 作圆   图 6-22 作圆

（9）转换视图。单击"视图"工具栏中 按钮，切换到西南视图。

（10）制作传动轴。单击 按钮或者在命令行中直接输入 extrude，或者选择"修改" | "拉伸"命令。

命令：extrude

当前线框密度：ISOLINES＝4

选择对象：选择大圆

选择对象：

指定拉伸高度或[路径(P)]：300

指定拉伸的倾斜角度 <0>：

效果如图 6-23 所示。

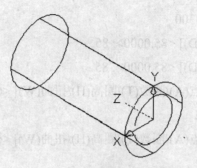

图 6-23　拉伸处理

（11）重复上述命令，拉伸上述半径为 50 的圆，拉伸高度设为 450，如图 6-24 所示。

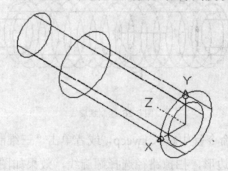

图 6-24　拉伸处理

（12）合并上述蜗杆轴。在命令行中输入 union 命令，或者单击"修改"工具栏中的 按钮，或者选择"修改"｜"实体编辑"｜"合并"命令。

（13）制作蜗杆轴的另外一半。在命令行中输入 mirror3d，或者单击"修改"工具栏中的 按钮，或者选择"修改"｜"三维操作"｜"三维镜像"命令，效果如图 6-25 所示。

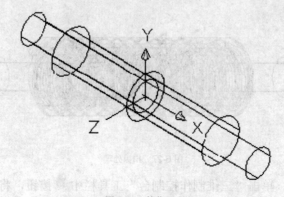

图 6-25　镜像处理

（14）绘制螺旋线。在命令行中输入 helix，或者单击"三维制作控制台"工具栏中的按钮。

命令: _helix

圈数 = 15.0000   扭曲=CCW

指定底面的中心点: 0,0,-300

指定底面半径或 [直径(D)] <85.0000>: 85

指定顶面半径或 [直径(D)] <85.0000>: 85

指定螺旋高度或 [轴端点(A)/圈数(T)/圈高(H)/扭曲(W)] <600.0000>: t

输入圈数 <15.0000>: 15

指定螺旋高度或 [轴端点(A)/圈数(T)/圈高(H)/扭曲(W)] <600.0000>: 600

效果如图 6-26 所示。

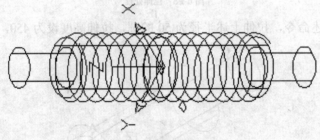

图 6-26 绘制螺旋线

（15）扫掠处理。在命令行中输入 sweep，或者单击"三维制作控制台"工具栏中的按钮。对象选择绘制的多边形，扫掠路径选择螺旋线，效果如图 6-27 所示。

命令: _sweep

当前线框密度: ISOLINES=4

选择要扫掠的对象: 找到 1 个

选择要扫掠的对象:

选择扫掠路径或 [对齐(A)/基点(B)/比例(S)/扭曲(T)]:

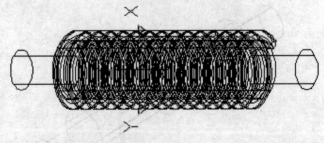

图 6-27 扫掠处理

（16）并集处理。单击"三维制作控制台"工具栏中按钮，将上述所有实体进行并集处理。

（17）消隐处理。单击"渲染"工具栏中 按钮，进行消隐处理。效果如图 6-28 所示。

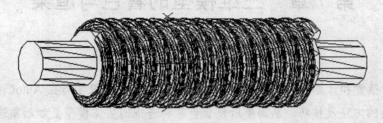

图 6-28　消隐处理

（18）渲染处理。在命令行中输入 render，或者单击"渲染控制台"工具栏中的 按钮，或者单击菜单栏。选择合适的材质，最终得到如图 6-18 所示的效果。

思 考 题

1. 简述 AutoCAD 中蜗轮、蜗杆类零件的建模的基本过程。

2. 按照书中的讲述，动手完成各个零件的建模。

3. 蜗轮、蜗杆类零件建模常用的命令有哪些？

第 7 章　三维模型的着色与渲染

【内容】

本章以千禧堂和计算机三维实体模型的着色和渲染为例，来学习在 AutoCAD 2010 中各种着色和渲染的方法及技巧，从而使所包含色彩和透视的实体模型更加形象逼真。此外，本章还介绍渲染过程中可以进行的各种环境设置，如光源、场景、材料、背景等的设置。

【实例】

实例 1：计算机三维实体模型的着色和渲染。

实例 2：千禧堂三维实体模型的着色和渲染。

【目的】

通过本章的学习，用户应掌握三维实体模型着色和渲染的基本方法，能够根据实际需要进行场景、灯光、材质及背景等各项设置，最终渲染出较为真实的三维实体效果。

7.1　消　　隐

创建或编辑较为复杂的三维实体模型时，可以看到在 AutoCAD 绘图区中实体图形的线框纵横交错，显得比较混乱，以至于用户于无法正确辨认有关图形信息。

为了便于观察和正确辨别实体模型的信息，在 AutoCAD 系统中可以应用"消隐"命令，隐藏实际上被前景对象遮掩的背景对象，使得实体图形的显示更加简洁明了，从而使后续的设计过程更加简单清晰。

1. 消隐命令的调用方法

在 AutoCAD 2010 中，调用"消隐"命令有以下三种方法：

（1）菜单调用方式：选择菜单栏中的"视图"→"消隐"命令；

（2）命令行调用方式：在命令行中输入 hide（或 hi）后按回车键；

（3）直接单击"渲染"工具栏中的"隐藏"按钮 。

2. 消隐操作实例

假设前面已经创建完成三维计算机实体和三维千禧堂实体模型，下面就以这两个实体为例，介绍三维实体模型的消隐和渲染方法。

如图 7-1 所示为计算机实体在未进行消隐操作时的二维线框视图，可以看到其线形较为复杂，显得较为混乱。下面通过消隐操作，隐藏能被前景对象遮掩的背景对象。

选择"视图"→"消隐"命令或者直接单击"渲染"工具栏中的"消隐"按钮，系统将自动生成如图 7-2 所示的计算机实体消隐效果图，可以看到此时三维实体显得较为清楚明了。

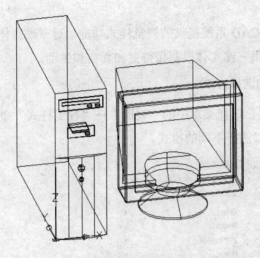

图 7-1 计算机模型消隐前的效果图

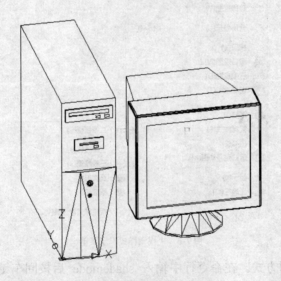

图 7-2 计算机模型消隐后的效果图

系统在执行"消隐"命令后，会自动将下列对象视为隐藏了对象的不透明表面：圆、实体、宽线、文字、面域、宽多段线线段、三维面、多边形网格和厚度非零的对象的拉伸边。

注意：消隐只是对被处理实体的某些对象进行隐藏，并没有删除或者更改，用户还可以通过选择菜单栏中的"视图"→"视觉样式"→"二维线框"命令，使得消隐后的对象回到原来的视图模式。

7.2 视 觉 样 式

用户可以利用 AutoCAD 系统提供的视觉样式功能，对三维实体模型进行着色。通过选择不同的视觉样式能使得三维实体模型显得更加真实和生动。

1. 不同视觉样式的选择方法

（1）菜单调用方式。选择菜单中的"视图"→"视觉样式"命令，进入视觉样式子菜单，如图 7-3 所示，可以选择不同的模式。

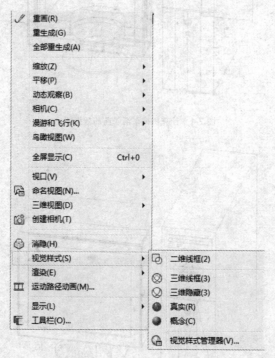

图 7-3 "视觉样式"子菜单

（2）命令行调用方式。在命令行中输入 shademode 后按回车键，按照提示进行操作即可。

2. 视觉样式选择实例

在介绍 AutoCAD 中选择不同的视觉样式时，以前面所创建的计算机实体模型为例来比较和分析不同视觉样式的区别和联系。

（1）二维线框。在此模式下，系统将用直线和曲线表示边界的对象，光栅和 OLE 对象、线型和线宽均可见。在选择"二维线框"视觉样式后，计算机三维实体模型如图 7-4 所示。

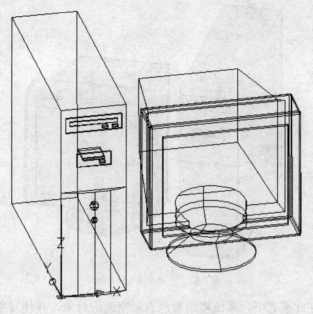

图 7-4 "二维线框"视觉样式

（2）三维线框。在此模式下，系统将用直线和曲线表示边界的对象。在选择"三维线框"视觉样式后，计算机三维实体模型如图 7-5 所示。

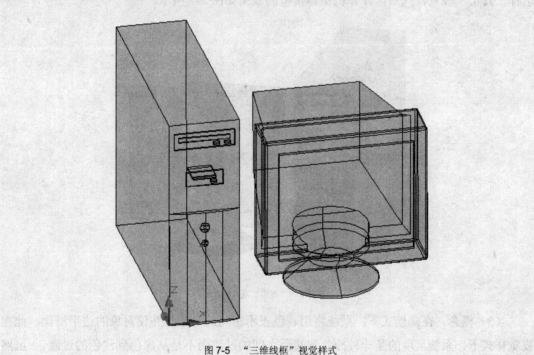

图 7-5 "三维线框"视觉样式

（3）三维隐藏。在此模式下，系统将用三维线框表示的对象并隐藏后面的线框。在选择"三维隐藏"视觉样式后，计算机实体模型的效果如图 7-6 所示。

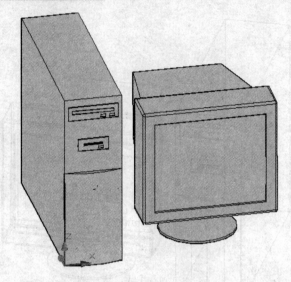

图 7-6　"三维隐藏"视觉样式

（4）真实。在此模式下，系统将用着色表示空间的对象，并使对象的边平滑化。为了能够更加清晰地表明"真实"视觉样式下实体的效果，需要在给不同的图形对象设置不同的颜色，否则所有对象将呈现一种颜色。本例中，我们给计算机模型赋予合适的颜色，在选择"真实"视觉样式后，计算机实体模型的效果如图 7-7 所示。

图 7-7　"真实"视觉样式

（5）概念。在此模式下，系统将用着色表示空间的对象，并使对象的边平滑化。此在视觉样式下，系统呈现的是一种冷色和暖色之间的过渡而不是从深色到浅色的过渡。 虽然模型效果可能缺乏真实感，但是可以更方便地查看模型的细节。在选择"概念"视觉样式后，计算机实体模型的效果如图 7-8 所示。

图 7-8　"概念"视觉样式

提示：（1）通过不同的视觉样式即可得到不同的实体效果，用户也可以对其他三维模型进行以上不同模式的着色操作，来比较和推敲其细节上的差异。

（2）对三维对象选择"真实"或"概念"视觉样式后，如果其颜色较暗，立体效果不是十分明显，用户可在"特性"对话框中将对象的颜色改为浅色即可。

7.3　渲染与渲染设置

7.3.1　渲染概述

虽然前面所介绍的"消隐"和"视觉样式"可以比较直观地表现模型的整体效果，并不能执行产生亮显、移动光源或添加光源的操作。要更全面地控制光源，必须使用渲染，使用"渲染"命令可以为模型创建"照片级"的渲染视图。

渲染是基于三维场景来创建二维图像，它使用已设置的光源、已应用的材质和环境设置，为场景的几何图形着色。模型的真实感渲染往往可以为图形和实体对象提供更清晰的概念设计视觉效果。

7.3.2　使用渲染操作

在使用渲染命令之前，用户可以为模型对象赋予各种材质，并在三维空间中添加各种光源和场景，以使渲染后的模型具有极为真实的视觉效果。

在 AutoCAD 2010 中，调用"渲染"命令的方法有如下三种：

（1）选择菜单中的"视图"→"渲染"→"渲染"命令；

（2）命令行输入：render。

（3）点击工具栏中的"渲染"按钮 。

在 AutoCAD 2010 中，如对上述的计算机实体模型进行"渲染"处理后，系统将会弹出如图 7-9 所示的计算机实体模型"渲染"对话框。

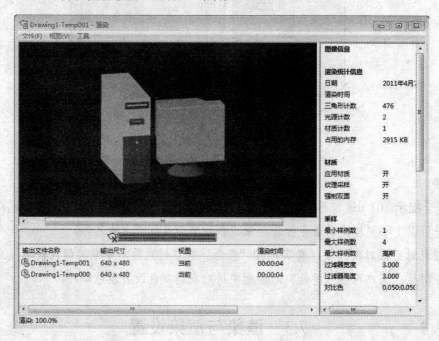

图 7-9　"渲染"对话框

此渲染对话框包含三部分内容：

1）对实体对象进行渲染处理后的结果，位于对话框的左上角。

2）要渲染对象的文件信息，位于对话框的左下角，其包含"文件名称""输出尺寸"等内容。

3）渲染对象的图像信息，位于对话框的右侧。其显示了渲染统计信息、被渲染对象的材质、光源、阴影等内容。

7.3.3　渲染设置

为了实现不同的渲染效果，用户可以在渲染操作之前进行预定义或自定义渲染配置。当指定的一组渲染设置能够实现想要的渲染效果时，用户可以将其保存，以便快速地重复使用这些设置。

在 AutoCAD 2010 中，调用"渲染设置"的步骤为选择菜单中的"视图"→"渲染"→"高级渲染设置"命令项，结果得到如图 7-10 所示的"高级渲染设置"选项板。

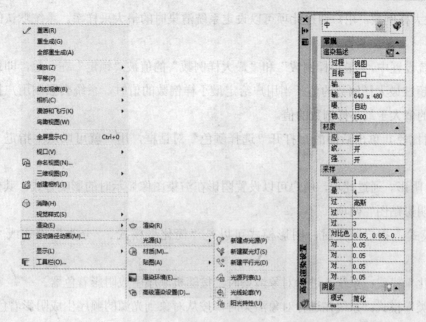

图 7-10 "高级渲染设置"列表框

此对话框中的选项包含了预设渲染信息、所用材质、阴影的处理方式和光线等内容。

（1）预设渲染信息。在此项中，系统提供给用户关于对象进行渲染时的预设基本信息。其包含输出文件的名称、输出尺寸、渲染过程和目标四项内容。

1）输出文件的名称。用户可以通过此项指定选定的渲染预设的名称。但是需要注意的是，用户可以重命名自定义的预设，而不能重命名系统自带的标准预设。

2）输出尺寸。用户可以通过此项指定选定的渲染预设的尺寸大小，即渲染完成后的对象所占绘图区域的尺寸。

（2）所用材质。通过此项，用户可以"应用材质""纹理过滤"和"强制双面"等内容对渲染器的影响方式进行设置。

1）应用材质。如果用户将"应用材质"选项设为"开"的状态时，系统将应用用户所定义材质对实体模型的表面进行渲染。如果当用户将"应用材质"选项设为"关"的状态，对对象进行渲染时，图形中的所有对象都为 GLOBAL 材质，即系统所默认的的颜色、环境光、漫射、反射、粗糙度、透明度、折射和凹凸贴图属性值。

2）纹理过滤。用于用户指定系统在渲染的过程中，是否过滤纹理贴图。

3）强制双面。用于用户指定系统在渲染的过程中，是否控制渲染对象面的两侧。

（3）采样。用户可以通过此项控制渲染器执行采样的方式。其包括"最小样例数、最大样例数、过滤器类型、对比色"等内容。

1）最小样例数。用户通过此项可以设定系统渲染时的最小采样比率。最小采样比率表示了每像素的样例数，该值大于或等于 1 表示每像素计算一个或多个样例，该值为分数时表示每 N 个像素计算一个样例。系统默认的最小样例数=1/4。

2）最大样例数。用户通过此项可以设定系统渲染时的最大采样率。系统默认的最大样例数=1。

在系统设置中，"最小样例数"和"最大样例数"的值被"锁定"在一起，即最小样例数的值不超过最大样例数的值。当用户给定最小样例数的值时，系统会强制用户指定的最大样例数的值大于最小样例数的值。

3）对比色。单击后面的 ⊡ 打开"选择颜色"对话框，用户就可以从中指定 RGB 的阈值。

（4）阴影。通过此项，用户可以设置阴影在渲染图像显示时的影响方式。其包含"模式"和"阴影贴图"两项。

1）模式。指定渲染时，阴影模式可以是"简化"模式、"分类"模式或"分段"模式。

"简化"模式：系统在进行对象渲染时，按随机顺序生成阴影着色器。

"分类"模式：系统在进行对象渲染时，按从对象到光源的顺序生成阴影着色器。

"分段"模式：系统在进行对象渲染时，将按沿光线从体积着色器到对象和光源之间的光线段的顺序生成阴影着色器。

2）阴影贴图。通过此项，用户可以设置是否使用阴影贴图来渲染阴影。

如果用户将"阴影贴图"选项设为"开"的状态时，渲染器将在渲染过程中使用阴影贴图的阴影；如果用户将"阴影贴图"选项设为"关"的状态时，系统将对所有阴影使用光线跟踪。

（5）光线跟踪。通过此项，用户可以设置影响渲染图像的着色状态。其包括"最大深度、最大反射和最大折射"共三项内容。

1）最大深度。用于限制系统渲染对象时反射和折射的组合。当反射和折射总数达到最大深度时，光线追踪将停止。

2）最大反射。用于设置系统渲染对象时光线可以反射的次数。当设定为"0"时，不发生反射。设定为"1"时，光线只能反射一次。设定为"2"时，光线可以反射两次，依此类推。

3）最大折射。用于设置系统渲染对象时光线可以折射的次数。设定为"0"时，不发生折射。设定为"0"时，光线只能折射一次。设定为"0"时，光线可以折射两次，依此类推。

（6）渲染预设管理器。在"高级渲染设置"对话框最上面的下拉列表框中，选择"管理渲染预设…"项，系统将弹出如图 7-11 所示的"渲染预设管理器"选项板。

"渲染预设管理器"选项板包含下面四部分内容：预设列表、特性面板、按钮控件和略图查看器。

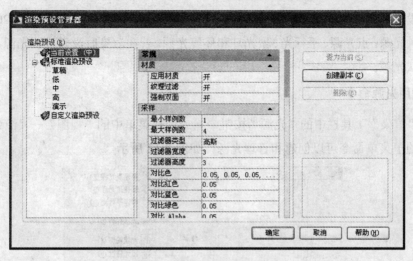

图 7-11 "渲染预设管理器"列表框

1）渲染预设列表。渲染预设列表位于如图 7-11 所示的"渲染预设管理器"列表框的最左端，其列出所有与当前图形一起存储的预设渲染的树状图。用户可以通过鼠标拖放，实现重新排列标准预设树和自定义预设树的次序。同样，如果包括多个自定义预设，可以相同的方式排列它们的次序。

2）特性面板。特性面板位于如图 7-11 所示的"渲染预设管理器"列表框的中间，该面板提供的渲染设置与如图 7-10 所示的"高级渲染设置"选项板上的特性类似，这里不再赘述。

3）按钮控件。按钮控件又包含"置为当前""创建副本"和"删除"三项。

①置为当前。将所选定的渲染配置，设定为当前绘图过程中渲染器要使用的渲染方式。

②创建副本。复制前面所定义的渲染预设。用户首先在预设列表中的某一渲染预设，然后点击"创建副本"按钮，系统将显示"复制渲染预设"对话框，用户可以自定义名称并做相应的说明，以便后面的使用。

③删除。用户可以通过此按钮删除选定的自定义渲染预设。但是注意不能删除 AutoCAD 系统中的标准预设。

4）略图查看器。点击此按钮，系统将显示与选定渲染预设关联的略图图像。如果系统未显示略图图像，用户可以从"预设信息"下的"略图图像"设置中选择一个图像。

7.4 光 源

7.4.1 光源概述

在对实体模型的渲染过程中，光源的应用非常重要，它由强度和颜色两个因素决定。

在场景中设置合适的光源，可以影响到实体的各个部分的阴暗效果。AutoCAD 2010 系统可以提供四种光源：点光源、平行光、聚光灯和环境光源。若在渲染时没有设置光源，AutoCAD 将使用默认光源。

1. 调用光源命令

单击"渲染"工具栏中的"光源"按钮，或选择菜单中的"视图"→"渲染"→"光源"命令的子菜单命令可以创建和管理光源，如图 7-12 所示。

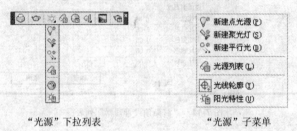

"光源"下拉列表　　　　　　　　　　　"光源"子菜单

图 7-12 "光源"下拉列表和"光源"子菜单

2. 光源的种类

（1）点光源：从光源处向外发射放射性光的光源，其效果与普通灯泡的照射原理类似。

（2）平行光：相当于太阳光，其光源位于无限远的地方，向某一方向发射。

（3）聚光灯：是从一点按锥形关系向一个方向发射的光，其效果与舞台上用到的聚光灯的功能类似。

3. 新建点光源

选择菜单中的"视图"→"渲染"→"光源"→"新建点光源"命令，AutoCAD 系统将首先要求用户指定光源的位置，即用于修改或显示光源的 X，Y 和 Z 轴的坐标位置，然后要求指定"光源的强度、颜色、衰减"等选项。下面就其含义分别予以介绍。

（1）光源名（N）：如选用此项，则用户可以为所创建的新光源输入名称。

（2）强度（I）：此文本框用于输入指定光源的强度或亮度。环境光最大强度为 1。若将其设置为 0，则表示关闭环境光。

（3）颜色（C）：可使用 RGB 颜色系统点光源的颜色，其中预览框中显示了当前颜色。用户需要直接在命令栏中输入相应的 RGB 值来选择颜色。

（4）衰减（A）：用来控制光源强度或者亮度如何随着距离增加而减弱。

（5）阴影：用于指定系统是否使用光源投射阴影或者使用阴影贴图。

7.4.2 创建光源实例

下面以计算机实体模型为例新建点光源，其具体操作步骤如下：

（1）选择"视图"→"渲染"→"光源"→"新建点光源"命令，注意下面的信息栏，并按照提示进行如下操作：

命令: _pointlight

指定源位置 <0,0,0>: 输入"200,-350,680"，按<Enter>键确认。

输入要更改的选项 [名称(N)/强度(I)/状态(S)/阴影(W)/衰减(A)/颜色(C)/退出(X)] <退出>:输入"i"，按<Enter>键确认。

输入强度 (0.00 - 最大浮点数) <1>:输入"0.95"，按<Enter>键确认。

输入要更改的选项 [名称(N)/强度(I)/状态(S)/阴影(W)/衰减(A)/颜色(C)/退出(X)] <退出>:输入"c"，按<Enter>键确认。

输入真彩色 (R,G,B) 或输入选项 [索引颜色(I)/HSL(H)/配色系统(B)]<255,255,255>:输入"200,210,230"，按<Enter>键确认。

输入要更改的选项 [名称(N)/强度(I)/状态(S)/阴影(W)/衰减(A)/颜色(C)/退出(X)] <退出>:按<Enter>键。

（2）选择菜单栏中的"视图"→"渲染"→"渲染"命令，AutoCAD 系统将自动生成"计算机三维实体渲染"结果框，如图 7-13 所示。

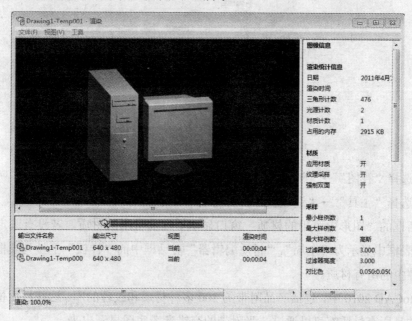

图 7-13　为计算机实体创建点光源后的渲染结果

7.5　材质与材质库

在渲染过程中，合理地使用材质可以明显增强三维实体模型的真实感。用户可以将某种材质附着到某个实体对象或者一组实体对象上，然后通过"渲染"处理得到较为真实的实体对象。

7.5.1 选择和指定材质

用户可以通过以下方法打开如图 7-14 所示的"材质"窗口。

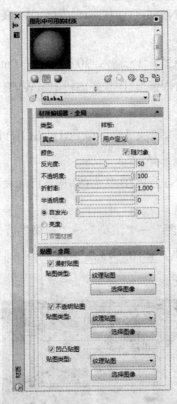

图 7-14 "材质"窗口

（1）选择"视图"→"渲染"→"材质"命令；

（2）选择"工具"→"选项板"→"材质"命令。

该对话框的"图形中可用的材质"窗口显示了当前可用的材质。若没有选定任何"材质"，则列表框中显示为"全局"。"材质编辑器"对话框中的"样板"下拉列表框中显示了系统库文件中的所有材质。

在 AutoCAD 2010 中，包括产品附带的 300 多种材质和纹理的库。这些材质位于工具选项板上，并且所有材质都可以通过一张附带的交错参考底图显示出来。

用户可以通过选择 "样板"列表框中的材质，使其以预览的形式显示在上面的"图形中可用的材质"列表框中。

点击可用材质列表框左下方的 （样例几何体）工具按钮，就能将所选材质分别按照 （矩形）、 （圆柱体）和 （球体）几何体的样例形式显示其材质。点击 （交错参考底图）工具按钮，就能选择在预览材质时是否显示交错参考底图。

如果要在"材质"窗口中创建或修改材质时，可以将材质样例直接拖动到图形中的对象上，也可以将其拖动到活动的工具选项板上以创建材质工具。

将材质附着到图形或者实体对象上时，用户可以将材质从工具选项板拖动到对象上。此时，该材质将添加至图形，并作为样例显示在"图形中可用的材质"窗口中。

7.5.2　材质库

在进行实体模型的创建和渲染的过程中，用户可以从 AutoCAD 2010 系统的材质库中选择合适的材质赋予被创建对象。在安装 AutoCAD 2010 软件时，材质库是可选项，如果用户需要使用材质库的材质，就需要安装其对应的材质库的内容。

如果用户已经选择安装了材质库的功能，那么在 AutoCAD 2010 窗口的右边将会显示其对应的工具选项板，包含有"建模、注释、建筑、机械、电力、土木、图案、命令、绘图、修改、混凝、门和窗、表面处理、家具、砖石、热度和湿度、现场工作"等内容。

在上述选项板的下面，其中的"混凝、门和窗、表面处理、家具、砖石、热度和湿度、现场工作"选项就是 AutoCAD 2010 系统新增的材质库，如图 7-15 所示。用户可以根据设计要求，在其中选用合适的材质赋予设计对象。

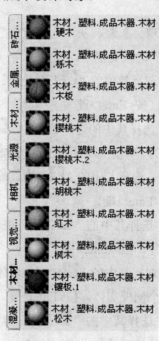

图 7-15　"材质库"对话框

7.5.3　指定材质的方法

在 AutoCAD 2010 系统中，用户可以较为方便地指定和选择所需材质。其中，一种方法是直接在"材质库"中选择所需材质，然后赋予设计对象；另外一种方法是将所需材质添加到"材质"对话框中，通过预览或编辑，然后赋予设计对象。在"材质"对话框中，如果用户对已经指定的某种材质不满意，也可以删除，然后重新定义材质。

下面以前面第 7 章创建中的三维曲面模型——千禧堂——为例，介绍为实体模型指定和修改材质的方法和步骤。

（1）在 AutoCAD 2010 系统下打开千禧堂实体模型的图文件。

（2）选择菜单栏中的"视图"→"渲染"→"材质"命令，系统将弹出"材质"窗口，如图 7-14 所示。

（3）在此对话框中的"图形中可用的材质"窗口位置，点击鼠标右键，系统将会弹出一下拉菜单，点击左键选择其中的"输出到活动的工具选项板"。

（4）点击绘图区域右侧的工具选项板，系统将显示如图 7-15 所示的材质库对话框。

（5）为千禧堂三维实体模型的不同部分分别选择合适的材质类型：

1）点击"表面"选项按钮，选择其中"表面处理、灰浆、灰泥、精细、紫红色"材质，注意位于绘图区域下方的信息栏，系统将要求用户选择被赋予材质的对象。此时，点击（将材质应用到对象）工具按钮，选择千禧堂基座最后面的矩形实体，最后按<Enter>键。

此时，被选择的"表面处理、灰浆、灰泥、淡黄色"材质同时也被添加到左侧"材质"窗口的"图形中可用的材质"的预览框中。

2）点击"表面"选项按钮，选择其中的"表面处理、墙面装饰面层、图案 3"材质，赋予千禧堂基座中间的矩形实体，按<Enter>键。

3）点击"表面"选项按钮，选择其中的选择其中的"表面处理、灰浆、灰泥、淡黄色"材质，赋予千禧堂基座前面的一个矩形和其上的两个楔形体实体，按<Enter>键。

4）点击"门和窗"选项按钮，选择其中的"门窗、玻璃、镶嵌、玻璃、磨砂"材质，赋予千禧堂入口的门板实体，按<Enter>键。

5）点击"砖石"选项按钮，选择其中的"砖石、块体砖石、砖块、诺曼式、立砌"材质，赋予千禧堂入口的台阶实体，按<Enter>键。

6）点击"砖石"选项按钮，选择其中的"砖石、块体砖石、玻璃垫块、方块、堆叠"材质，赋予千禧堂入口台阶的两个侧板实体，按<Enter>键。

7）点击"木材"选项按钮，选择其中的"木材、塑料、绝缘纤维板、镶板"材质，赋予千禧堂入口台阶上的四个立柱的下端和上端，按<Enter>键。

8）点击"木材"选项按钮，选择其中的"木材、塑料、成品木器、壁板、木板。板条"材质，赋予千禧堂入口台阶上的四个立柱的中端，按<Enter>键。

9）点击"木材"选项按钮，选择其中的"木材、塑料、成品木器、木材、柚木"材质，赋予千禧堂塔楼的圆形底部实体，按<Enter>键。

10）点击"表面"选项按钮，选择其中的"表面处理、墙面装饰面层、条纹、垂直、兰灰色"材质，赋予千禧堂塔楼圆形底部上的圆板实体，按<Enter>键。

11）点击"表面"选项按钮，选择其中的"表面处理、砖石地板、石灰华、紫红色、矩形"材质，赋予千禧堂塔楼中间的圆形实体，按<Enter>键。

12）点击"家具"选项按钮，选择其中的"家具、织物、皮革、粒状、米色"材质，赋予千禧堂塔楼环箍下面的圆形实体，按<Enter>键。

13）点击"表面"选项按钮，选择其中的"表面处理、砖石地板、竹木"材质，赋予千禧堂塔楼上的环箍实体，按<Enter>键。

14）点击"热度和湿度"选项按钮，选择其中的"热度湿度、绝缘、严格绝缘"材质，赋予千禧堂的锥形穹顶实体，按<Enter>键。

15）点击"表面"选项按钮，选择其中的"表面处理、喷漆、油漆、黑色"材质，赋予千禧堂塔门口左右两个路灯的杆部实体，按<Enter>键。

16）点击"表面"选项按钮，选择其中的"表面处理、喷漆、油漆、白色"材质，赋予千禧堂塔门口左右两个路灯的灯罩实体，按<Enter>键。

17）利用"渲染"命令查看指定材质后的效果。

单击菜单栏中的"视图"→"渲染"→"渲染"命令或者点击"渲染"按钮。系统将对定义材质后的千禧堂实体模型进行渲染，最后得千禧堂主体的渲染窗口如图 7-16 所示。从上可以看出，定义材质的实体对象在进行渲染处理后，能够得到较为真实、更加逼真的视觉效果。

图 7-16　设置材质后千禧堂的渲染效果

7.6 纹 理 贴 图

7.6.1 纹理贴图概述

为了进一步增加材质的真实感和增强渲染后的实体效果，用户还可以通过纹理贴图来修改材质或重新定义新的材质。在 AutoCAD 2010 系统中，常用的纹理贴图有如下三种类型：

（1）漫射贴图：此种贴图常应用在有光泽的对象表面上，且此对象表面可能产生光的反射或漫反射作用，故称之为漫射贴图。

要使反射贴图获得较好的渲染效果，材质的表面应该有光泽，反射位图本身应具有较高的分辨率，因此其不适于真实样板和真实金属样板表面的贴图。

（2）不透明贴图：指定纹理贴图过程中的不透明和透明区域。例如，在某一对象的表面有一深色的对象轮廓，如果使用不透明贴图，则贴图完成后，在渲染视图上，此深色轮廓可能呈现为孔或洞。

（3）凹凸贴图：贴图完成后，能在图形对象表面创建类似浮雕效果的凹凸不平的实体模型。其凸出或下凹与对象表面的颜色深度有关。在深色区域将被视为下凹，而浅色区域被视为突出。如果图像是彩色图像，系统将自动使用每种颜色的灰度值。使用凹凸贴图后，会使得实体模型所需的渲染时间增大，但同时使得实体模型的真实感增强。

7.6.2 纹理贴图的选择

用户为某一对象指定合适的纹理贴图后，同时还可以选择对象或面上纹理贴图的类型和方向，以适应被贴对象的类型和形状。

选择菜单栏中的"视图"→"渲染"→"贴图"命令，系统将弹出"贴图"下拉菜单，其包括以下四项内容：

（1）平面贴图：将所选类型的图像投影或映射到对象上，图像不会失真，但是会被自动缩放以适应对象，该贴图最常用于面类对象。

（2）长方体贴图：将所选类型的图像投影或映射到长方体或类似长方体的实体上，该类型的图像可在对象的每个面上重复使用。

（3）球面贴图：所选类型的图像投影或映射到球形对象上时，贴图会在水平方向和垂直方向上同时使图像产生弯曲。贴图的顶边在球体的最上端被压缩为一个点；同样，底边在球体的最下端被压缩为一个点。

（4）柱面贴图：将图像投影或映射到圆柱形对象上时，贴图会在水平方向产生弯曲，但顶边和底边不会弯曲。

另外，如果需要对贴图对象进行进一步调整，可以使用显示在对象材质贴图上的夹点工具移动或旋转贴图，以达到调整的目的。

7.6.3　纹理贴图的使用

用户为某一实体对象指定了一种材质后，亦可在如图 7-17 所示的"材质"窗口中，修改或编辑这种材质。

例如，上面对千禧堂实体模型进行渲染的过程中，曾对千禧堂基座最后面的矩形实体定义材质为"表面处理、灰浆、灰泥、精细、紫红色"。在图 7-17 所示"材质"窗口的上端，通过交错参考底图和单个材质模式显示。

假设下面要对此材质进行纹理贴图处理，由具有特定纹理的贴图来代替原有的材质的纹理和颜色。这里，需要使得千禧堂基座最后面的矩形实体看上去是由砖石砌成的，因此在下面将会赋予材质砖石纹理的贴图。

具体操作步骤如下：

（1）在图 7-17"材质"窗口中，利用鼠标点选漫射贴图复选框，并在下面的下拉菜单中，选择"纹理贴图"选项。

图 7-17　"材质"窗口

（2）点击后面的"选择图像"工具按钮，系统将会弹出如图 7-18 所示"选择图像文件"窗口，选择其中的"Msasonry. Unit Massonry.Brick.Modular.Running.Scored.Red.jpg"类型的纹理贴图，在窗口的右侧可以得到纹理的预览图像，点击"打开"工具按钮，系统就能将此类型的纹理添加到上述材质上。

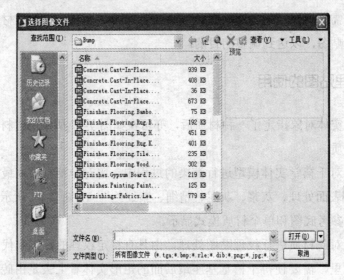

图 7-18　"选择图像文件"窗口

（3）单击菜单栏中的"视图"→"渲染"→"渲染"命令或者点击"渲染"按钮 。
系统将对指定纹理贴图后的千禧堂实体模型进行渲染。最后得千禧堂主体的渲染窗口如图
7-19 所示。

图 7-19　设置纹理贴图后千禧堂的渲染效果

7.7　雾化和深度

在 AutoCAD 2010 系统中，用户可以为被创建的实体对象设置雾化或深度处理。通过雾
化处理，距离观察点较远的对象显得模糊，而距离观察点较近的对象显得清晰，即对象实
体轮廓的显示效果将随着观察点位置的变换而发生改变，就能使得渲染处理的效果更加形

象和逼真。雾化设置使用白色，而深度设置使用黑色。

7.7.1　雾化和深度概述

选择菜单栏中的"视图"→"渲染"→"渲染环境"命令或者直接点击"渲染环境 "
工具按钮，系统将弹出"渲染环境"设置对话框，如图 7-20 所示，用户可以在此对话框中
进行雾化和深度设置。

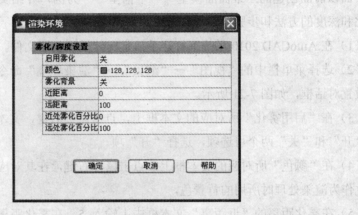

图 7-20　渲染环境设置对话框

渲染环境对话框包含下面几项：

（1）启用雾化：用户点击后面的文本框，其可以变为下拉菜单，具有"开"和"关"
两个可选项，通过此项就能设置在进行对象渲染时，是否使用雾化和深度。

（2）颜色：用户可以通过此项来设置启用雾化和深度时的颜色。在其对应的下拉菜单
中，可以选择菜单中提供的颜色类型，也可以点击"选择颜色"选项，在系统弹出的"选
择颜色"的窗口中，选择雾化和深度设置所需的颜色。此时，用户又可以通过"索引颜色"
"真彩色"和"配色系统"三种途径来设置或配置所需的颜色。

（3）雾化背景：用户点击后面的文本框，其可以变为下拉菜单，具有"开"和"关"
两个可选项，通过此项就能设置在进行对象渲染时，是否前面所定义颜色的背景。

（4）雾化距离的设置：通过设置"近距离"和"远距离"的值以指定雾化开始和结束
的位置，其包括近距离和远距离两项。两者均是以系统所定义的观察点或者用户已经定义
的相机作为参考，前向或后向剪裁平面，所用单位为英尺。例如，设置后向剪裁平面处于
活动状态，并且距离相机 50 英尺（1 英尺＝0.3048 米）。如果要从距相机 35 英尺处开始雾
化并且无限延伸，请将"近距离"设置为 85，"远距离"可以设置为 150。

（5）雾化百分比的设置：通过指定此项的值来设置雾化或深度的不透明，其包括"近
处雾化百分比"和"远处雾化百分比"两项。渲染处理时，由"近处雾化百分比"和"远
处雾化百分比"来控制雾化或深度的密度。其设置范围为从 0.000 1 到 100，值越高表示雾
化或深度设置越不透明。

　　注意： 对于比例较小的实体模型，当将"近处雾化百分比"和"远处雾化百分比"设置在 1.0 以下时才能通过渲染得到较为理想的效果。

7.7.2　雾化和深度的方法

　　下面以前面创建的三维曲面模型——千禧堂——为例，介绍实体模型在渲染过程中设置雾化和深度的方法和步骤。

　　（1）在 AutoCAD 2010 系统下打开千禧堂实体模型的图文件。

　　（2）选择菜单栏中的"视图"→"渲染"→"渲染环境"命令，系统将弹出"渲染环境"设置对话框，如图 7-21 所示。

　　（3）在"启用雾化"所对应的文本框上，点击鼠标右键，文本框将会变为下拉菜单，具有"开"和"关"两个可选项，选择"开"项。

　　（4）在"颜色"所对应的文本框上，点击鼠标右键，在其对应的颜色下拉菜单中，选择白色作为渲染处理时所用的背景色，

　　（5）在雾化距离的"近距离"文本框中上输入 5，在雾化距离的"远距离"所对应的文本框上，输入 50。

　　（6）在雾化百分比设置的"近处雾化百分比"文本框中输入 0.1，在"远处雾化百分比"文本框中输入 100。

　　（7）利用"渲染"命令查看指定雾化后的效果。

　　单击菜单栏中的"视图"→"渲染"→"渲染"命令或者点击"渲染"按钮。系统将对设置雾化后的千禧堂实体模型进行渲染，最后得千禧堂的渲染结果如图 7-21 所示。

图 7-21　设置雾化后千禧堂的渲染效果

7.8　背　　景

在对静止的图形对象进行渲染时，选用合适的背景将会使得效果更加形象和逼真。背景主要是用于显示模型后面的背景幕。背景可以是单色、多色渐变色或位图图像。

下面以前面已经指定材质的千禧堂模型为例，简单介绍为视图设置背景的方法和步骤。

（1）在 AutoCAD 2010 系统下打开已经指定材质的千禧堂实体模型文件。

（2）在 AutoCAD 系统的命令行直接输入"view"命令，并按<Enter>键，此时系统将会自动弹出如图 7-22 所示的"视图管理器"窗口。其包含三部分类容：左边列为可查看模型视图的类型；中间为当前视图的视点位置和属性；右边为更改或编辑视图的工具按钮，在未进行新视图定义之前，除了"新建"工具按钮之外，其他各工具按钮均不可用。

图 7-22　"视图管理器"窗口

（3）点击"新建"工具按钮，系统将弹出如图 7-23 所示的"新建视图"窗口。在此对话框中的"视图名称"文本框中输入视图名称为：千禧堂背景视图。

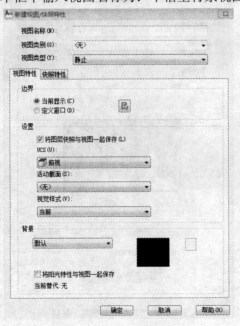

图 7-23　"新建视图"窗口

（4）在"新建视图"窗口中，点击边界栏中的"定义窗口"复选框，系统将会自动回到原来的绘图区域，用户就可以通过鼠标点选，进行背景图形大小尺寸的预定义，完成后按<Enter>键返回。

（5）在背景栏选中"替代默认背景"复选框，系统将继续弹出如图7-24所示的"背景"窗口。其类型下拉菜单中含有三项，分别为纯色、渐变色和图像。此处选择"图像"项，然后单击图像选项下的"预览"工具按钮，系统将需要用户按路径选择合适的图形文件。这里笔者选择了位于自己电脑D盘"卡通桌面"中的"34345.JPG"文件。

图7-24 "背景"窗口

（6）为了使得背景图像的效果更佳，这里需要对上述选择的图像文件进行编辑和调整。点击"调整图像"工具按钮，系统将弹出如图7-25所示的"调整背景图像"窗口。

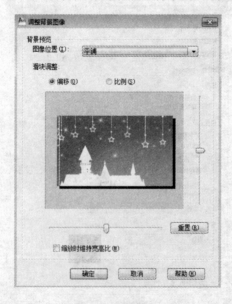

图7-25 "调整背景图象"窗口

在背景预览项中的"图像位置"下拉菜单中,有"1 中央、2 拉伸、3 平铺"三项,这里请选择"3 平铺",其他各选项保持不变。点击"确定"工具按钮,返回到上层窗口。

(7)连续点击上述各个窗口中的"确定"工具按钮,返回到当前绘图区域。注意:在返回到如图 7-22 所示的"视图管理器"窗口中,请选择右上角的"置为当前"工具按钮,这样就能将上述定义的背景图像应用到当前图形中。

(8)利用"渲染"命令查看指定背景后的效果。单击菜单栏中的"视图"→"渲染"→"渲染"命令或者点击"渲染"按钮 。系统将对设置背景后的千禧堂实体模型进行渲染,最后得千禧堂的渲染结果如图 7-26 所示。

图 7-26　设置背景后千禧堂的渲染效果

思　考　题

1. 如何对实体图形进行消隐处理?

2. AutoCAD 提供哪些视觉样式?

3. 如何预定义或自定义渲染配置?

4. 如何创建光源?

5. 如何选择和指定材质?

6. 如何使用纹理贴图?

7. 如何设置雾化和深度?

8. 如何为视图设置背景?

第 8 章　三维实体模型装配

【内容】

本章以建立鼓风机三维实体模型的装配为例，系统复习和掌握前面章节所述在 AutoCAD 2010 中进行实体建模的各种方法和技巧，以达到熟练应用 AutoCAD 2010 对常见三维实体进行建模。

【实例】

实例 1：创建鼓风机叶片实体模型。

实例 2：创建鼓风机底座实体模型。

实例 3：创建鼓风机顶盖实体模型。

实例 4：鼓风机三维实体模型的着色和渲染。

实例 5：由鼓风机的三维实体模型生成二维零件图。

【目的】

通过本章的学习，用户应系统掌握创建三维实体模型的各种方法，并能熟练应用 AutoCAD 中的各种工具对三维实体模型进行修改、着色和渲染，最终得到尺寸准确、轮廓清晰、效果逼真的三维实体模型。

8.1　创建鼓风机叶片实体模型

鼓风机实体主要由叶片、底座和顶盖三部分组成。在建模过程中，先建立叶片的实体模型，再分别建立底座和顶盖的实体模型，即按照由内到外，先下后上的顺序进行。

在创建鼓风机叶片的实体模型时，首先绘制多段线和矩形来得到一个叶片的二维视图，然后通过"拉伸"操作命令得到其三维模型，最后通过"三维阵列"命令得到六个均匀分布的鼓风机叶片的实体模型。

8.1.1　绘制鼓风机叶片平面图形

1. 新建文件

启动 AutoCAD 2010，单击标准工具栏的"文件"→"新建"，弹出"选择样板"对话框，在文件名（N）下拉列表中选择"acad.dwt"，在文件类型（T）下拉列表中选择"图形样板.dwt"，单击"打开"按钮。

2．创建新图层

单击 ▧（图层特性管理器）图标，然后分别以"Vane""Base"和"Top"为图层名称建立三个新图层，并将"Vane"图层设为当前图层。

3．绘制多段线

单击"绘图"→"多段线"命令或者直接单击 ↳（多段线）图标进入多段线的绘制。注意下面的信息栏，并按照提示输入以下命令：

命令：_pline

指定起点：输入"49,0"，按<Enter>键确认。

指定下一个点或[圆弧(A)/半宽(H)/长度(L)/放弃(U)/宽度(W)]：输入"@2,0"，按<Enter>键确认。

指定下一个点或[圆弧(A)/闭合(C)/半宽(H)/长度(L)/放弃(U)/宽度(W)]：输入"a"，按<Enter>键确认。

指定圆弧的端点或[角度(A)/圆心(CE)/闭合(CL)/方向(D)/半宽(H)/直线(L)/半径(R)/第二个点(S)/放弃(U)/宽度(W)]：输入"ce"，按<Enter>键确认。

指定圆弧圆心：0,0 按<Enter>键确认。

指定圆弧的端点或[角度(A)/长度(L)]：输入"a"，按<Enter>键确认。

指定包含角：输入"19"，按<Enter>键确认。

指定圆弧的端点或[角度(A)/圆心(CE)/闭合(CL)/方向(D)/半宽(H)/直线(L)/半径(R) /第二个点(S)/放弃(U)/宽度(W)]：输入"L"，按<Enter>键确认。

指定下一个点或[圆弧(A)/闭合(C)/半宽(H)/长度(L)/放弃(U)/宽度(W)]：输入"50<19"，按<Enter>键确认。

指定下一个点或[圆弧(A)/闭合(C)/半宽(H)/长度(L)/放弃(U)/宽度(W)]：输入"a"，按<Enter>键确认。

指定圆弧的端点或[角度(A) /圆心(CE) /闭合(CL) /方向(D) /半宽(H) /直线(L) /半径(R)/第二个点(S)/放弃(U)/宽度(W)]：输入"ce"，按<Enter>键确认。

指定圆弧圆心：输入"-2,0"，按<Enter>键确认。

指定圆弧的端点或[角度(A)/长度(L)]：输入"a"，按<Enter>键确认。

指定包含角：输入"-19"，连续按两次<Enter>键确认。

生成多段线如图 8-1 所示。

4．延伸和修剪多段线

单击"修改"→"修剪"命令或者直接单击 ⊬（修剪）工具按钮进入多段线的修剪。

选择刚才绘制多线段的两交叉边作为修剪的边界，分别选择这两边作为修剪对象，进行"修剪"操作。其结果如图 8-2 所示。

5．创建矩形

选择"绘图"→"矩形"命令或者直接单击绘制 ▢（矩形）工具按钮进入矩形的绘制。

命令：_rectang

指定第一个角点或[倒角(C)/标高(E)/圆角(F)/厚度(T)/宽度(W)]：输入"29,0"，按<Enter>键确认。

指定另一个角点或[面积(A)/尺寸(D)/旋转(R)]：输入"@22,3"，按<Enter>键确认。

结果如图 8-3 所示。

图 8-1　绘制叶轮轮廓线　　　图 8-2　延伸和剪切轮廓线　　　图 8-3　创建矩形后的轮廓线

8.1.2　绘制鼓风机叶片平面图形

1．对平面叶片进行拉伸处理

选择"绘图"→"建模"→"拉伸"命令或者直接单击 ⬚（拉伸）工具按钮，进入实体拉伸。

命令：_extrude

当前线框密度：ISOLINES=4

选择对象：选择刚才绘制的多段线和矩形，按<Enter>键确认。

指定拉伸高度或[方向(D)/路径(P)/倾斜角(T)]：输入"80"，按<Enter>键确认。

这样就得到一个高度为 80 的鼓风机叶片实体模型。其结果如图 8-4 所示。

2．进行并集操作

单击 ⬤（并集）工具按钮，或者选择"修改"→"实体编辑"→"并集"命令进入鼓风机叶片实体模型的修改。

命令：_union

选择对象：选择刚才拉伸的叶片实体模型。

选择对象:总计 2 个，按<Enter>键确认。

这样就将经过多段线和矩形拉伸后的两个实体模型合并为一个实体模型，其结果如图 8-5 所示。

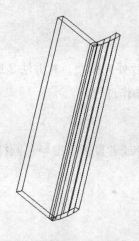
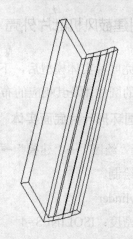

图 8-4　拉伸后叶片实体模型　　　　　　　图 8-5　并集操作后的效果图

3．进行三维阵列操作

选择"修改"→"三维操作"→"三维阵列"命令进入其他叶片实体模型的创建。

命令：_3darray

选择对象：指定对角点：选择刚才创建的叶片实体，按<Enter>键确认。

输入阵列类型[矩形(R)/环形(P)]<矩形> ：输入"P"，按<Enter>键确认。

输入阵列的项目数：6，按<Enter>键确认。

指定要填充的角度（＋＝逆时针，——＝顺时针）<360>，按<Enter>键确认。

旋转阵列对象[是(Y)/否(N)] <Y>:，按<Enter>键确认。

指定阵列的中心点:输入"0，0，0"，按<Enter>键确认。

指定旋转轴上的第二点：输入"0，0，80"，按<Enter>键确认。

这样就完成了鼓风机叶片三维实体模型的创建。

选择"视图"→"视觉样式"→"概念"命令或者直接单击 ●（概念视觉样式）工具按钮，得到鼓风机叶片如图 8-6 所示。

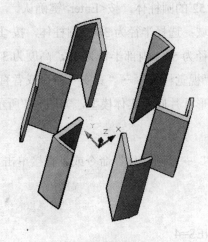

图 8-6　阵列操作得到其他叶片实体

8.1.3 创建鼓风机叶片外壳

选择绘制完叶片实体模型后，下面需要创建叶片外壳模型。其方法是通过绘制鼓风机叶片上下底面的圆柱体及其相应的布尔运算来完成操作过程。

1. 绘制圆环形叶片底面实体

（1）选择"绘图"→"建模"→"圆柱体"命令或者直接单击 🛢 （圆柱体）工具按钮，进入圆柱体的绘制。

命令：_cylinder

当前线框密度：ISOLINES=4

指定底面的中心点或[椭圆(E)]：输入"0, 0, 0"，按<Enter>键确认。

指定底面的半径或[直径(D)]：输入"52"，按<Enter>键确认。

指定高度或[另一个圆心(C)]：输入"3"，按<Enter>键确认。

（2）选择"绘图"→"建模"→"圆柱体"命令或者直接单击 🛢 （圆柱体）工具按钮，进入圆柱体的绘制。

命令：_cylinder

当前线框密度：ISOLINES=4

指定底面的中心点或[椭圆(E)]：输入"0, 0, 0"，按<Enter>键确认。

指定底面的半径或[直径(D)]：输入"38"，按<Enter>键确认。

指定高度或[另一个圆心(C)]：输入"3"，按<Enter>键确认。

（3）点击 ⓪ （差集）工具按钮，或者选择"修改"→"实体编辑"→"差集"命令进入差集。命令操作。

命令：_ subtract

选择要从中减去的实体或面域

选择对象：选择半径为 52 的圆柱体，按<Enter>键确认。

选择要减去的实体或面域：选择半径为 38 的圆柱体，按<Enter>键确认。

这样就得到一个外部半径为 52，内部半径为 38，高度为 3 的圆环形的叶片底部。

（4）选择"视图"→"视觉样式"→"真实"命令或者直接单击 ⬤ （真实视觉样式）工具按钮，得到鼓风机圆环形叶片底面实体模型，如图 8-7 所示。

2. 绘制叶片顶部实体

选择"绘图"→"建模"→"圆柱体"命令或者直接单击 🛢 （圆柱体）工具按钮，进入圆柱体的绘制。

命令：_cylinder

当前线框密度：ISOLINES=4

指定底面的中心点或[椭圆(E)]：输入"0, 0, 80"，按<Enter>键确认。

指定底面的半径或[直径(D)]：输入"52"，按<Enter>键确认。

指定高度或[另一个圆心(C)]：输入"-5"，按<Enter>键确认。

图 8-7　圆环形底面实体

3. 绘制叶片安装空心轴

（1）选择"绘图"→"建模"→"圆柱体"命令或者直接单击 （圆柱体）工具按钮，进入圆柱体的绘制。

命令：_cylinder

当前线框密度：ISOLINES=4

指定底面的中心点或[椭圆(E)]：输入"0, 0, 80"，按<Enter>键确认。

指定底面的半径或[直径(D)]：输入"16"，按<Enter>键确认。

指定高度或[另一个圆心(C)]：输入"35"，按<Enter>键确认。

（2）选择"绘图"→"建模"→"圆柱体"命令或者直接单击 （圆柱体）工具按钮，进入圆柱体的绘制。

命令：_cylinder

当前线框密度：ISOLINES=4

指定底面的中心点或[椭圆(E)]：输入"0, 0, 80"，按<Enter>键确认。

指定底面的半径或[直径(D)]：输入"8"，按<Enter>键确认。

指定高度或[另一个圆心(C)]：输入"35"，按<Enter>键确认。

（3）选择"修改"→"实体编辑"→"差集"命令或者点击 （差集）工具按钮，进入差集命令操作。

命令：_ subtract

选择要从中减去的实体或面域

选择对象：选择半径为 16 的圆柱体，按<Enter>键确认。

选择要减去的实体或面域：选择半径为 8 的圆柱体，按<Enter>键确认。

这样就得到一个外部半径为 16，内部半径为 8，高度为 3 的圆桶形的叶片安装空心轴。

4．查看建模结果

选择"视图"→"视觉样式"→"真实"命令或者直接单击 （真实视觉样式）工具按钮，得到实体模型，如图 8-8 所示。

图 8-8　创建叶片顶部实体效果图

8.2　创建鼓风机底座外壳

鼓风机底座外壳的实体模型主要由半圆形空心壳体、壳体上的筋板和长方体底板构成。下面首先介绍底座外壳实体模型的创建。

选择"格式"→"图层"命令或直接单击 （图层特性管理器）工具按钮，在弹出的"图层特性管理器"对话框中，将"Vane"图层冻结，设置"Base"图层为当前图层。

8.2.1　创建鼓风机底座实体模型

1．创建圆柱体实体

选择"绘图"→"建模"→"圆柱体"命令或者直接单击 （圆柱体）工具按钮，进入圆柱体的绘制。注意下面的信息栏，并按照提示输入以下命令：

命令：_cylinder

当前线框密度：ISOLINES=4

指定底面的中心点或[椭圆(E)]：输入"0, 0, 0"，按<Enter>键确认。

指定底面的半径或[直径(D)]：输入"58"，按<Enter>键确认。

指定高度或[另一个圆心(C)]：输入"90"，按<Enter>键确认。

2．创建长方体底板模型

选择"绘图"→"建模"→"长方体"命令或者直接单击 （长方体）工具按钮进入长方体的绘制。

命令：_box

指定第一个角点或 [中心(C)]：输入"−68,−60,0"，按<Enter>键。

指定其他角点或 [立方体(C)/长度(L)]：输入"L"，按<Enter>键。

指定长度：输入"136"，按<Enter>键。

指定宽度：输入"5"，按<Enter>键。

指定高度或 [两点(2P)]：输入"90"，按<Enter>键。

3．进行并集操作

单击 （并集）工具按钮，或者选择"修改"→"实体编辑"→"并集"命令进入鼓风机底座实体模型的修改。

命令： _union

选择对象：选择刚绘制的圆柱体和长方体实体模型

选择对象:总计 2 个，按<Enter>键确认。

这样就将刚绘制的圆柱体和长方体合并为一个实体模型。

4．查看建模结果

选择"视图"→"视觉样式"→"概念"命令或者直接单击 （概念）工具按钮，得到实体模型，如图 8-9 所示。

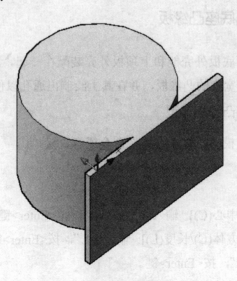

图 8-9 创建圆柱体和长方体模型图

5．进行剖切处理

选择"修改"→"三维操作"→"剖切"命令或者直接单击 （剖切）工具按钮，进入鼓风机底座实体模型的修改。

命令：_slice

选择对象:选择刚才合并的圆柱体，按<Enter>键。

指定切面上的第一个点,依照 [对象(O)/Z 轴(Z)/视图(V)/XY 平面(XY)/YZ 平面(YZ)/ZX 平面(ZX)/三点(3)]<三点>:输入"ZX"，按<Enter>键。

指定 ZX 平面上的点：<0,0,0>，按<Enter>键。

在要保留的一侧指定点或[保留两侧(B)]: 输入"－68,－60,0"，按<Enter>键。

得到的鼓风机底座实体模型如图 8-10 所示。

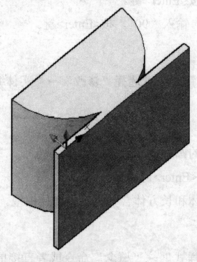

图 8-10　进行剖切处理后的效果图

8.2.2　创建鼓风机底座凸缘板

为了使得鼓风机的下底板外壳能和上顶板外壳装配在一起，就要在下底板外壳和上顶板外壳的边缘都创建相同宽度的凸缘板，并在其上绘制出通孔以便利用螺栓连接。

1．创建下底板外壳凸缘板模型

选择"绘图"→"建模"→"长方体"命令或者直接单击 （长方体）工具按钮进入长方体的绘制。

命令：_box

指定第一个角点或 [中心(C)]: 输入"57,－5,0"，按<Enter>键。

指定其他角点或 [立方体(C)/长度(L)]: 输入"L"，按<Enter>键。

指定长度：输入"20"，按<Enter>键。

指定宽度：输入"－5"，按<Enter>键。

指定高度或 [两点(2P)]：输入"90"，按<Enter>键。

2．绘制圆柱体模型

选择"绘图"→"建模"→"圆柱体"命令或者直接单击 ▯ （圆柱体）工具按钮，进入圆柱体的绘制。

命令: _cylinder

指定底面的中心点或 [三点(3P)/两点(2P)/相切、相切、半径(T)/椭圆(E)]: 输入"64，0，15"，按<Enter>键。

指定底面半径或 [直径(D)]: 输入"2"，按<Enter>键。

指定高度或 [两点(2P)/轴端点(A)]: 输入"a"，按<Enter>键。

指定轴端点: 输入"@0,-5,0"，按<Enter>键。

3．复制圆柱体

对上一步绘制的圆柱体进行复制并做粘贴处理，以得到凸缘板板上的其他圆柱体。

选择"修改"→"复制"命令或者直接单击 ᵓᵇ （复制）工具按钮进入圆柱体复制。注意下面的信息栏，并按照提示输入以下命令：

命令: _copy

选择对象:（选择刚才绘制的圆柱体）

指定对角点:找到 1 个

选择对象:按<Enter>键确认。

指定基点或[位移(D)]<位移 >:输入"68，0，15"，按<Enter>键。

指定第二个点或<使用第一个点作为位移>:输入"@0,0,20"，按<Enter>键。

指定第二个点或[退出(E)/放弃(U)]<退出>:输入"@0,0,40"，按<Enter>键。

指定第二个点或 [退出(E)/放弃(U)] <退出>:输入"@0,0,60"，按两次<Enter>键。

得到的实体模型如图 8-11 所示。

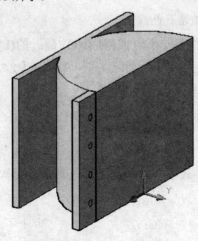

图 8-11 创建一侧带孔凸缘板

4．进行差集处理得到圆柱形通孔

对上面绘制的长方体和四个圆柱体做差集处理，得到长方体凸缘板上的四个螺栓通孔，以便后面和上外壳板的联结装配。

点击 (差集) 工具按钮，或者选择"修改"→"实体编辑"→"差集"命令进入差集。命令操作。

命令：_subtract

选择要从中减去的实体或面域

选择对象：选中长方体凸缘板，按<Enter>键确认。

选择要减去的实体或面域：选择 4 个半径为 2 的圆柱体，按<Enter>键确认。

5．对凸缘板进行圆角处理

选择"修改"→"圆角"命令或者点击 (圆角) 工具按钮，进行棱边的圆角处理。

命令：_fillet

当前设置:模式= 修剪，半径 =0.0000

选择第一个对角或[放弃(U)/多段线(P)/半径(R)/修剪(T)/多个(M)]:选择凸缘板外侧最长的棱边，按<Enter>键。

输入圆角半径: 输入"2"，按<Enter>键。

选择边或[链(C)/半径(R)]:选择外侧另外两条较短的棱边，按<Enter>键。

选择边或[链(C)/半径(R)]:按<Enter>键确认。

6．进行三维镜像处理，得到另一边的带孔凸缘板

对上一步绘制完成的凸缘板做镜像处理，得到圆柱形外壳的另一边上想对称的凸缘板实体模型。

选择"修改"→"三维操作"→"三维镜像"命令进入右边带孔凸缘板的创建。

命令: _mirror3d

选择对象:选中刚才绘制的带孔凸缘板。

指定镜像平面 (三点) 的第一个点或[对象(O)/最近的(L)/Z 轴(Z)/视图(V)/XY 平面(XY)/YZ 平面 (YZ)/ZX 平面(ZX)/三点(3)]<三点>: 输入"YZ"，按<Enter>键。

指定 YZ 平面上的点<0,0,0>:按<Enter>键

是否删除源对象[是(Y)/否(N)]<N>:按<Enter>键。

7．查看建模结果

选择"视图"→"视觉样式"→"概念"命令或者直接单击 (概念) 工具按钮，得到实体模型，如图 8-12 所示。

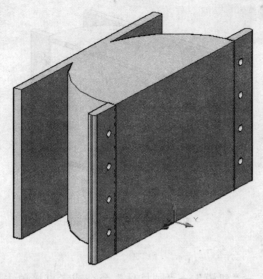

图 8-12　创建带孔另一侧凸缘板

8.2.3　创建鼓风机底座内部空腔

为了使得鼓风机的叶片能够装在底座内部，需要在上面创建的底座实体上创建一半圆柱形的内部空腔，并在底座壳体上部预留半圆形孔，以便叶片安装轴通过。

1．绘制圆柱形实体

选择"绘图"→"建模"→"圆柱体"命令或者直接单击 📦（圆柱体）工具按钮，进入圆柱体的绘制。

命令：_cylinder

指定底面的中心点或[三点(3P)/两点(2P)/相切、相切、半径(T)/椭圆(E)]：输入"0，0，3"，按<Enter>键。

指定圆柱体底面的半径或[直径(D)]：输入"56"，按<Enter>键。

指定圆柱体的高度或[另一个圆心(C)]：输入"84"，按<Enter>键。

2．进行差集处理得到空腔

点击 ⊚（差集）工具按钮，或者选择"修改"→"实体编辑"→"差集"命令进入差集。命令操作。

命令：_subtract 选择要从中减去的实体或面域

选择对象：选中底座实体。

选择要减去的实体或面域：选择刚才绘制半径为 56 的圆柱体，按<Enter>键确认。

选择对象：按<Enter>键确认。

差集操作完成后的效果如图 8-13 所示。

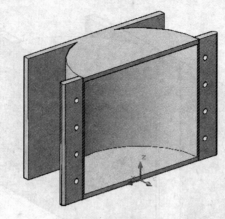

图 8-13　底座内部空腔效果图

3．绘制圆柱实体

（1）选择"绘图"→"建模"→"圆柱体"命令或者直接单击 ▯ （圆柱体）工具按钮，进入圆柱体的绘制。

命令：_cylinder

指定底面的中心点或[三点(3P)/两点(2P)/相切、相切、半径(T)/椭圆(E)]：输入"0，0，0"，按<Enter>键。

指定底面的半径或[直径(D)]：输入"46"，按<Enter>键。

指定高度或[两点(2P)/轴端点(A)]：输入"3"，按<Enter>键。

（2）重复绘制圆柱实体。选择"绘图"→"建模"→"圆柱体"命令或者直接单击 ▯ （圆柱体）工具按钮，进入圆柱体的绘制。

命令：_cylinder

指定底面的中心点或[三点(3P)/两点(2P)/相切、相切、半径(T)/椭圆(E)]：输入"0，0，90"，按<Enter>键。

指定底面的半径或[直径(D)]：输入"17"，按<Enter>键。

指定高度或[两点(2P)/轴端点(A)]：输入"－3"，按<Enter>键。

4．进行差集处理得到下部和顶部的半圆孔

点击 ◍ （差集）工具按钮，或者选择"修改"→"实体编辑"→"差集"命令进入差集命令操作。

命令：_subtract 选择要从中减去的实体或面域

选择对象：选中底座实体。

选择要减去的实体或面域：选择刚才绘制半径为 56 和 17 的两个圆柱体，按<Enter>键确认。

选择对象：按<Enter>键确认。

操作完成后的效果图如图 8-14 所示。

要复制对象

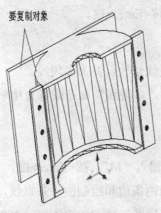

图 8-14 底座上下半圆孔效果图

8.2.4 创建鼓风机底座外壳上的加强筋板

1．复制实体的边

选择"修改"→"实体编辑"→"复制边"命令或者直接单击 （复制边）工具按钮，进入复制边的操作。

命令：_solidedit

实体编辑自动检查： SOLIDCHECK=1

输入实体编辑选项 [面(F)/边(E)/体(B)/放弃(U)/退出(X)] <退出>：_edge

输入边编辑选项 [复制(C)/着色(L)/放弃(U)/退出(X)] <退出>：_copy

选择边或 [放弃(U)/删除(R)]：选择如图 8-14 所示实体模型的两条边，按<Enter>键确认。

选择边或 [放弃(U)/删除(R)]： 按<Enter>键确认。

选择边或 [放弃(U)/删除(R)]： 按<Enter>键确认。

指定基点或位移：输入"0，0，0"，按<Enter>键。

指定位移的第二点：输入"0，0，－15"，按<Enter>键。

输入边编辑选项 [复制(C)/着色(L)/放弃(U)/退出(X)] <退出>：

实体编辑自动检查： SOLIDCHECK=1

输入实体编辑选项 [面(F)/边(E)/体(B)/放弃(U)/退出(X)] <退出>：按<Enter>键。

2．绘制直线

选择"绘图"→"直线"命令或直接点击绘制直线的工具按钮，绘制一条直线作为剖面线的旋转轴。

命令：_line

指定第一点：输入"58，－55，75"，按<Enter>键。

指定下一点或 [放弃(U)]：输入"58，0，75"，按<Enter>键。

指定下一点或 [放弃(U)]：按<Enter>键。

3. 编辑多段线

将上面复制的边和绘制的直线修改合并为多段线。

选择"修改"→"对象"→"多段线"命令或者直接单击 ⌂（编辑多段线）工具按钮，进入编辑多段线操作。

命令:_PEDIT

选择多段线或[多条(M)]：输入"M"，按<Enter>键。

选择对象：选择刚才复制的两条边和绘制的一条直线，按<Enter>键确认。

是否将直线和圆弧转换为多段线？[是(Y)/否(N)]? <Y>：按<Enter>键确认。

输入选项[闭合(C)/打开(O)/合并(J)/ 宽度(W)/拟合(F)/样条曲线(S)/非曲线化(D)/线型生成(L)/放弃(U)]：输入"J"，按<Enter>键。

合并类型= 延伸

输入模糊距离或[合并类型(J)]< 0.0000 >：按<Enter>键。

多段线已增加 2 条线段

输入选项[闭合(C)/打开(O)/合并(J)/ 宽度(W)/拟合(F)/样条曲线(S)/非曲线化(D)/线型生成(L)/放弃(U)]：输入"U"，按<Enter>键。

4. 修剪多段线

通过上面步骤创建的多段线有多余一部分外露在封闭区域之外，通过选择"修改"→"修剪"命令或者直接单击 ┼（修剪）工具按钮，将多余线段部分修剪去掉。

5. 查看绘制多线段的结果

选择"视图"→"视觉样式"→"真实"命令或者直接单击 ◎（真实视觉样式）工具按钮，查看绘制多线段的结果，如图 8-15 所示。

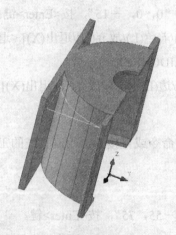

图 8-15 绘制多段线

6．拉伸多段线生成加强筋板

下面以上一步修剪完成的多段线为对象，进行拉伸操作以得到鼓风机外壳上的加强筋板实体。

选择"绘图"→"建模"→"拉伸"命令或者直接单击 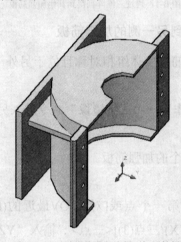（拉伸）工具按钮，进入实体拉伸。注意下面的信息栏，并按照提示输入以下命令：

命令:_extrude

当前线框密度：ISOLINES=4

选择对象：（选择多段线），按<Enter>键。

指定拉伸高度或 [路径(P)]:输入"－5"，按<Enter>键。

选择拉伸的倾斜角度<0>:按<Enter>键。

拉伸后生成加强筋板，结果如图 8-16 所示。

图 8-16　通过拉伸多段线得到加强筋板

7．进行三维阵列操作得到其他平行的加强筋板

为了得到与前面创建的筋板实体相互平行且位于同侧的其他三个加强筋板，下面通过三维阵列操作来完成。

选择"修改"→"三维操作"→"三维阵列"命令进入其他加强筋板实体的创建。

命令:_3darray

选择对象:选择刚才拉伸得到的三维筋板实体，按<Enter>键确认。

输入阵列类型[矩形(R)/环形(P)]<矩形>:按<Enter>键确认。

输入行数(---)<1>：输入"1"，按<Enter>键。

输入列数(|||)<1>：输入"1"，按<Enter>键。

输入层数 (...)<1>：输入"4"，按<Enter>键。

指定层间距(...)：输入"－16.6"，按<Enter>键。

这样就得到四个相互平行的鼓风机外壳加强筋板，进行阵列操作完成后的效果图如图

8-17 所示。

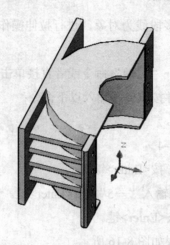

图 8-17 通过三维阵列得到其他加强筋板

8. 进行三维镜像操作得到另一侧的加强筋板

为了得到与刚才所创建的筋板实体组相对称且位于另外一侧的加强筋板组,下面通过三维镜像操作来完成。

选择"修改"→"三维操作"→"三维镜像"命令进入另外一侧加强筋板实体的创建。

命令: _mirror3d

选择对象:选中刚才绘制四个的加强筋板。

选择对象:找到 4 个

指定镜像平面 (三点) 的第一个点或[对象(O)/最近的(L)/Z 轴(Z)/视图(V)/XY 平面(XY)/YZ 平面 (YZ)/ZX 平面(ZX)/三点(3)]<三点>: 输入"YZ",按<Enter>键。

指定 YZ 平面上的点<0,0,0>:按<Enter>键。

是否删除源对象[是(Y)/否(N)]<否>:按<Enter>键。

进行三维镜像操作后的结果如图 8-18 所示。

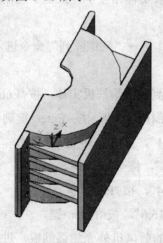

图 8-18 通过三维镜像得到另一侧的加强筋板

8.3 创建鼓风机顶盖实体模型

鼓风机顶盖的实体模型主要由半圆形空心壳体、风机通风管和风口板等部分构成。下面首先介绍顶盖实体模型的创建。

选择"格式"→"图层"命令或直接单击 （图层特性管理器）工具按钮，在弹出的"图层特性管理器"对话框中，将"Vane"和"Base"图层两个图层都冻结，设置"Top"图层为当前图层。

8.3.1 创建鼓风机顶盖及通风管实体模型

1．创建圆柱体外壳

选择"绘图"→"建模"→"圆柱体"命令或者直接单击 （圆柱体）工具按钮，进入圆柱体的绘制。

命令：_cylinder

当前线框密度：ISOLINES=4

指定底面的中心点或[椭圆(E)]：输入"0，0，0"，按<Enter>键。

指定底面的半径或[直径(D)]：输入"58"，按<Enter>键。

指定高度或[另一个圆心(C)]：输入"90"，按<Enter>键。

2．绘制圆弧作为拉伸路径

命令：_arc

指定圆弧的起点或 [圆心(C)]：输入"-60,115，40"，按<Enter>键。

指定圆弧的第二个点或 [圆心(C)/端点(E)]：输入"C"，按<Enter>键。

指定圆弧的圆心：输入"-60,0"，按<Enter>键。

指定圆弧的端点或 [角度(A)/弦长(L)]：输入"a"，按<Enter>键。

指定包含角：输入"-90"，按<Enter>键。

3．绘制圆柱体作为通风管

（1）新建 UCS。在绘制圆柱体时，首先要将当前绘图空间的坐标系进行转换。

具体操作过程如下：

选择"工具"→"新建 UCS"→绕 Y 轴旋转" "命令或者直接单击 （绕 Y 轴旋转新建 UCS）工具按钮，进入新建 UCS 操作。

命令：_ucs

当前 UCS 名称：*世界*

输入选项指定 UCS 的原点或 [面(F)/命名(NA)/对象(OB)/上一个(P)/视图(V)/世界

(W)/X/Y/Z/Z 轴(ZA)] <世界>: :输入"Y",按<Enter>键。

指定绕 Y 轴的旋转角度 <90>: 按<Enter>键确认。

（2）绘制圆柱体。选择"绘图"→"建模"→"圆柱体"命令或者直接单击 （圆柱体）工具按钮，进入圆柱体的绘制。

命令：_cylinder

指定底面的中心点或[三点(3P)/两点(2P)/相切、相切、半径(T)/椭圆(E)]:输入"-40，90，-120"，按<Enter>键。

指定底面的半径或[直径(D)]: 输入"25"，按<Enter>键。

指定高度或[两点(2P)/轴端点(A)]: 输入"60"，按<Enter>键。

（3）进行面域拉伸得到圆弧形通风管实体。选择"修改"→"实体编辑"→"拉伸面"命令或者直接单击 （拉伸面）工具按钮，进入实体拉伸。

命令: _solidedit

实体编辑自动检查:SOLIDCHECK=1

输入实体编辑选项[面(F)/边(E)/体(B)/放弃(U)/退出(X)] <退出>: _face

输入面编辑选项[拉伸(E)/移动(M)/旋转(R)/偏移(O)/倾斜(T)/删除(D)/复制(C)/着色(L)/放弃(U)/退出(X)] <退出>: _extrude

选择面或 [放弃(U)/删除(R)]:选中刚才绘制圆柱体的右表面，按<Enter>键确认。

选择面或 [放弃(U)/删除(R)/全部(ALL)]:找到一个面

指定拉伸高度或 [路径(P)]: 输入"P"，按<Enter>键。

选择拉伸路径: 选中前面绘制作为拉伸路径的圆弧。

已开始实体校验。

已完成实体校验。

输入面编辑选项[拉伸(E)/移动(M)/旋转(R)/偏移(O)/倾斜(T)/删除(D)/复制(C)/着色(L)/放弃(U)/退出(X) <退出>:按<Enter>键确认。

（4）查看建模结果。选择"视图"→"视觉样式"→"真实"命令或者直接单击 （真实视觉样式）工具按钮，得到实体模型，如图 8-19 所示。

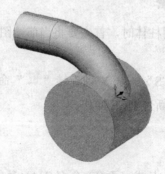

图 8-19 通过拉伸面得到风管实体

4．创建锥体形状的通风管口

在创建鼓风机的通风管口部模型时，借用创建圆锥体模型来完成。

（1）选择"绘图"→"建模"→"圆锥体"命令或者直接单击 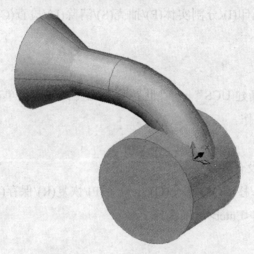（圆锥体）工具按钮，进入圆柱体的绘制。

命令：_cone

指定底面的中心点或 [三点(3P)/两点(2P)/相切、相切、半径(T)/椭圆(E)] :输入"-40，90，-120"，按<Enter>键。

指定底面半径或 [直径(D)]:输入"50"，按<Enter>键。

指定高度或[两点(2P)/轴端点(A)/顶面半径(T)]:输入"100"，按<Enter>键。

（2）查看建模结果。选择"视图"→"视觉样式"→"真实"命令或者直接单击 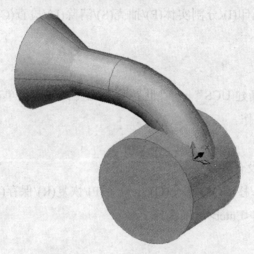（真实视觉样式）工具按钮，得到实体模型，如图 8-20 所示。

图 8-20 通过创建圆锥体得到通风管口实体

5．进行并集处理

选择前面创建的圆柱体外壳、圆弧状的风机通风管和倒锥形的通风口三个实体并集模型，通过操作使其合并为一个实体。

选择"修改"→"实体编辑"→"并集"命令或者单击 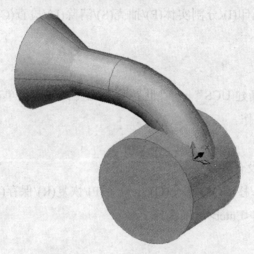（并集）工具按钮，进入鼓风机底座实体模型的修改。

命令：_union

选择对象：分别选择圆柱体顶盖、通风管和通风口三个实体模型。

选择对象:总计 3 个，按<Enter>键确认。

这样就将本节绘制的所有实体合并为一个实体模型。

6．进行抽壳处理

选择"修改"→"实体编辑"→"抽壳"命令或者直接单击 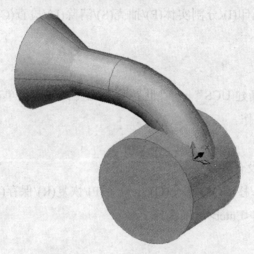（抽壳）工具按钮，进

入实体的抽壳处理操作。

命令: _solidedit

实体编辑自动检查:SOLIDCHECK=1

输入实体编辑选项[面(F)/边(E)/体(B)/放弃(U)/退出(X)] <退出>: _body

输入体编辑选项[压印(I)/分割实体(P)/抽壳(S)/清除(L)/检查(C)/放弃(U)/退出(X)] <退出>: _shell

选择三维实体:选择绘图区域的所有实体，按<Enter>键确认。

删除面或 [放弃(U)/添加(A)/全部(ALL)]:按<Enter>键确认。

输入抽壳偏移距离:输入 "-3",按<Enter>键。

已开始实体校验。

已完成实体校验。

输入体编辑选项[压印(I)/分割实体(P)/抽壳(S)/清除(L)/检查(C)/放弃(U)/退出(X)] <退出>:按<Enter>键。

7．新建 UCS

选择"工具"→"新建 UCS"→ "世界 "命令或者直接单击 （世界 UCS）工具按钮，进入新建 UCS 操作。

命令: _ucs

当前 UCS 名称:*没有名称*

输入选项 [新建(N)/移动(M)/正交(G)/上一个(P)/恢复(R)/保存(S)/删除(D)/应用(A)/?/世界(W)] <世界>: _w ，按<Enter>键确认。

8．进行剖切处理

选择"修改"→"三维操作"→"剖切"命令或者直接单击 （剖切）工具按钮，进入实体的剖切操作。

命令: _slice

选择对象:选择圆柱体顶盖实体对象。

选择对象: 找到 1 个，按<Enter>键确认。

指定切面上的第一个点，依照[对象(O)/Z 轴(Z)/视图(V)/XY 平面(XY)/YZ 平面(YZ)/ZX

平面(ZX)/三点(3)] <三点>:输入 "ZX"，按<Enter>键。

指定 ZX 平面上的点 <0,0,0>:按<Enter>键确认。

在要保留的一侧指定点或 [保留两侧(B)]:选中通风管一侧的任一点。

剖切操作完成后的效果如图 8-21 所示。

图 8-21   通过抽壳和剖切处理后的实体模型

8.3.2   创建鼓风机顶盖凸缘板模型

为了使得鼓风机的顶盖和底座能够装配起来，同样须在顶盖上创建一组带通孔的对称凸缘板。

1．创建凸缘板实体

选择“绘图”→“建模”→“长方体”命令或者直接单击 （长方体）工具按钮进行长方体的绘制。注意下面的信息栏，并按照提示输入以下命令：

命令：_box

指定第一个角点或[中心点(CE)] <0,0,0>:输入“57，0，0”，按<Enter>键。

指定角点或[立方体(C)/长度(L)]: 输入“L”，按<Enter>键。

指定长度：输入“20”，按<Enter>键。

指定宽度：输入“5”，按<Enter>键。

指定高度：输入“90”，按<Enter>键。

2．绘制圆柱体模型

选择“绘图”→“建模”→“圆柱体”命令或者直接单击 （圆柱体）工具按钮，进行圆柱体的绘制。

命令:_cylinder

指定底面的中心点或 [三点(3P)/两点(2P)/相切、相切、半径(T)/椭圆(E)]: 输入“68,0,15”，按<Enter>键。

指定底面半径或 [直径(D)]: 输入“2”，按<Enter>键。

指定高度或 [两点(2P)/轴端点(A)] <90.0000>:输入“a”，按<Enter>键。

指定轴端点:输入“@ 0,5,0”，按<Enter>键。

3．复制圆柱体

对上一步绘制的圆柱体进行复制并做粘贴处理，以得到凸缘板板上的其他圆柱体。

选择"修改"→"复制"命令或者直接单击 （复制）工具按钮进入圆柱体复制。

命令：_copy

选择对象：（选择刚才绘制的圆柱体）

指定对角点:找到 1 个

选择对象:按<Enter>键确认。

指定基点或[位移(D)]<位移 >:输入"68, 0, 15"，按<Enter>键。

指定第二个点或<使用第一个点作为位移>:输入"@ 0, 0 ,20"，按<Enter>键。

指定第二个点或 [退出(E)/放弃(U)] <退出>:输入"@ 0, 0 ,40"，按<Enter>键。

指定第二个点或 [退出(E)/放弃(U)] <退出>:输入"@ 0, 0 ,60"，按<Enter>键。

4．进行差集处理得到圆柱形通孔

对上面绘制的长方体和四个圆柱体做差集处理，得到长方体凸缘板上的四个螺栓通孔，以便后面和上外壳板的联结装配。

点击 （差集）工具按钮，或者选择"修改"→"实体编辑"→"差集"命令进入差集命令操作。

命令：_ subtract

选择要从中减去的实体或面域

选择对象：选中长方体凸缘板，按<Enter>键确认。

选择要减去的实体或面域：选择 4 个半径为 2 的圆柱体，按<Enter>键确认。

5．对凸缘板进行圆角处理

（1）选择"修改"→"圆角"命令或者点击 （圆角）工具按钮，进入凸缘板的圆角处理。注意下面的信息栏，并按照提示进行如下操作：

命令：_fillet

当前设置:模式= 修剪，半径 =0.0000

选择第一个对象或[放弃(U)/多段线(P)/半径(R)/修剪(T)/多个(M)]:选择凸缘板外侧最长的棱边，按<Enter>键确认。

输入圆角半径: 输入"2"，按<Enter>键确认。

选择边或[链(C)/半径(R)]:选择外侧另外两条较短的棱边，按<Enter>键确认。

选择边或[链(C)/半径(R)]:按<Enter>键确认。

（2）查看建模结果。选择"视图"→"视觉样式"→"真实"命令或者直接单击 （真实视觉样式）工具按钮，得到实体模型，如图 8-22 所示。

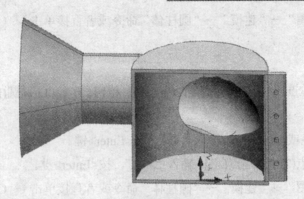

图 8-22 创建带孔凸缘板

6. 进行三维镜像处理得到另一边的带孔凸缘板

（1）对上一步绘制完成的凸缘板做镜像处理，得到圆柱形外壳的另一边上想对称的凸缘板实体模型。注意下面的信息栏，并按照提示输入以下命令：

命令：_mirror3d

选择对象：（选中刚才绘制的带孔凸缘板），

选择对象：找到 1 个

指定镜像平面（三点）的第一个点或[对象(O)/最近的(L)/Z 轴(Z)/视图(V)/XY 平面(XY)/YZ 平面 (YZ)/ZX 平面(ZX)/三点(3)]<三点>：输入"YZ"，按<Enter>键确认。

指定 YZ 平面上的点<0,0,0>：按<Enter>键确认。

是否删除源对象[是(Y)/否(N)]<否>：按<Enter>键确认。

（2）查看建模结果。选择"视图"→"视觉样式"→"真实"命令或者直接单击 ⊗（真实视觉样式）工具按钮，得到实体模型，如图 8-23 所示。

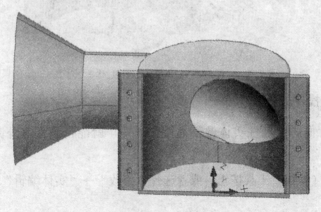

图 8-23 通过镜像得到另一侧的凸缘板

7. 绘制顶盖上的圆孔形圆柱体

为了得到顶盖侧壁上的半圆形孔，需要在上下侧壁上分别绘制两个圆柱体，然后通过差集操作处理得到所需形状的孔。

（1）选择"绘图"→"建模"→"圆柱体"命令或者直接单击 ▯ （圆柱体）工具按钮，进入圆柱体的绘制。

命令：_cylinder

指定底面的中心点或[三点(3P)/两点(2P)/相切、相切、半径(T)/椭圆(E)]:输入"0，0，0"，按<Enter>键。

指定底面的半径或[直径(D)]：输入"46"，按<Enter>键。

指定高度或[两点(2P)/轴端点(A)]：输入"－3"，按<Enter>键。

（2）选择"绘图"→"建模"→"圆柱体"命令或者直接单击 ▯ （圆柱体）工具按钮，进入圆柱体的绘制。

命令：_cylinder

指定底面的中心点或[三点(3P)/两点(2P)/相切、相切、半径(T)/椭圆(E)]:输入"0，0，90"，按<Enter>键。

指定底面的半径或[直径(D)]：输入"17"，按<Enter>键。

指定高度或[两点(2P)/轴端点(A)]：输入"3"，按<Enter>键。

（3）查看建模结果。选择"视图"→"视觉样式"→"真实"命令或者直接单击 ◕ （真实视觉样式）工具按钮，得到实体模型，如图 8-24 所示。

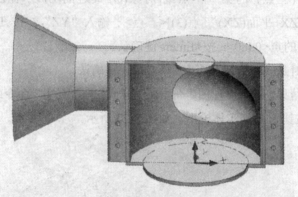

图 8-24　创建顶盖上的圆柱体

8．进行差集操作处理

通过外壳和上面所绘圆柱实体做差集操作处理，就能得到顶盖外壳侧壁上的半圆形通孔。

（1）点击 ◐ （差集）工具按钮，或者选择"修改"→"实体编辑"→"差集"命令进入差集操作。

命令：_ subtract

选择要从中减去的实体或面域

选择对象：选中顶盖外壳实体，按<Enter>键确认。

选择要减去的实体或面域：分别选择半径为 46 和 17 的两个圆柱体，按<Enter>键确认。

（2）查看建模结果。选择"视图"→"视觉样式"→"真实"命令或者直接单击◎（真实视觉样式）工具按钮，得到实体模型，如图 8-25 所示。

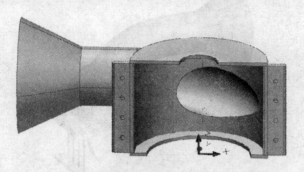

图 8-25　通过差集得到带孔的外壳体

8.4　查看鼓风机实体模型效果

至此，通过前面的所有操作，已经完成了鼓风机三维实体模型装配图的创建。下面通过着色和渲染等操作处理查看其效果视图。

单击≋（图层特性管理器）图标，分别将"Vane"和"Base"图层两个图层都解冻，然后返回绘图模型区域，观察所创建的鼓风机三维实体装配图模型。

用户可以通过选择不同着色模式来查看其效果图，这里对鼓风机实体模型进行"体着色"操作处理，得到效果图如图 8-26 所示。

图 8-26　鼓风机三维实体模型的效果图

当然，用户也可以为鼓风机实体的不同部分指定不同的材质，并根据实际需要进行合适的场景、背景、灯光和配景等设置，然后通过"渲染"处理观察设置结果，最终渲染出更加生动、逼真的效果图，这里笔者不再赘述，请有兴趣的用户自己进行操作。如图 8-27所示为笔者分别将"Vane""Base"和"Top"三个新图层的颜色依次为"红色""黄色"和

"绿色",通过体着色得到的彩色三维实体效果图,以供参考。

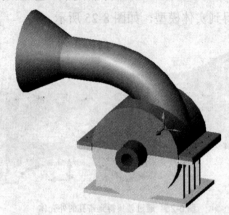

图 8-27　设置图层颜色后鼓风机实体的体着色视图

思 考 题

1. 简述 AutoCAD 中复杂模型建模的基本过程。

2. 按照书中的讲述,动手完成各个模型的建模。

附录 1　技 巧 集 锦

问：开始绘图要做哪些准备？

答：用户在开始绘图之前要做些必要的准备，如设置图层、线型、标注样式、目标捕捉、单位格式、图形界限等。

问：在 AutoCAD 中采用什么比例绘图好？

答：最好使用 1∶1 的比例画，输出比例可以随便调整。画图比例和输出比例是两个概念，输出时使用"输出 1 单位=绘图 500 单位"就是按 1/500 比例输出，若"输出 10 单位=绘图 1 单位"就是放大 10 倍输出。用 1∶1 比例画图好处很多。第一，容易发现错误，由于按实际尺寸画图，很容易发现尺寸设置不合理的地方。第二，标注尺寸非常方便。第三，在各个图之间复制局部图形或者使用块时，由于都是 1∶1 比例，调整块尺寸方便。第四，由零件图拼成装配图或由装配图拆画零件图时非常方便。第五，不用进行烦琐的比例缩小和放大计算，提高工作效率，防止出现换算过程中可能出现的差错。

问：图层有什么用处？

答：合理利用图层，可以使工作事半功倍。一开始画图，就预先设置一些基本层。每层有自己的专门用途，这样做的好处是：只须画出一份图形文件，就可以组合出许多需要的图纸，需要修改时也可针对某一图层进行。

问：如何命名别名？

答：为便于输入命令，避免记忆大量命令的英文全名，可以用命令的别名（ALIAS）来代替命令。如输入 C 就相当于输入了 CIRCLE 命令，L 相当于 LINE 命令。命名别名可以大大加快命令的输入速度，提高绘图效率。

命令的别名在 ACAD.PGP 文件中设置，用任何文本编辑器均可编辑该文件。AutoCAD 提供了修改命令别名的工具 ALIASEDIT，以对话框的方式交互编辑别名。

问：标注尺寸后，为什么图形中有时出现一些小的黑点无法删除？

答：AutoCAD 在标注尺寸时，自动生成一 DEFPOINTS 层，保存有关标注点的位置等信息，该层一般是冻结的。由于某种原因，这些点有时会显示出来。要删掉可先将 DEFPOINTS 层解冻后再删除。但要注意，如果删除了与尺寸标注还有关联的点，将同时删除对应的尺寸标注。

问：如何一次剪除多条线段？

答：TRIM 命令中提示选取要剪切的图形时，不支持常用的 windows 和 crossing 选取方式。当要剪切多条线段时，要选取多次才能完成。这时可以使用 fence 选取方式。当 trim 命令提示选择要剪除的图形时，输入"f",然后在屏幕上画出一条虚线，按回车键，这时与该虚线相交的图形全部被剪切掉。

问：如何减少文件大小？

答：在图形完稿后,执行清理（PURGE）命令，清理掉多余的数据，如无用的块、没有实体的图层，未用的线型、字体、尺寸样式等，可以有效减少文件大小。一般彻底清理需要 PURGE 二到三次。

如果需要释放磁盘空间，则必须设置 ISAVEPERCENT 系统变量为 0，来关闭这种逐步保存特性，这样当第二次存盘时，文件尺寸就减少了。

问：如何设置自动保存功能？

答：将变量 SAVETIME 设成一个较小的值，如 10（分钟）。AutoCAD 默认的保存时间为 120min。

问：如何将自动保存的图形还原？

答：AutoCAD 将自动保存的图形存放到 AUTO.SV$或 AUTO?.SV$文件中，找到该文件将其改名为图形文件即可在 AutoCAD 中打开。

一般该文件存放在 windows 的临时目录，如 C:\WINDOWS\TEMP。

问：为什么不能显示汉字？或输入的汉字变成了问号？

答：原因可能有以下几点：

（1）对应的字型没有使用汉字字体，如 HZTXT.SHX 等。

（2）当前系统中没有汉字字体形文件；应将所用到的形文件复制到 AutoCAD 的字体目录中（一般为...\FONTS\）。

（3）对于某些符号，如希腊字母等，同样必须使用对应的字体形文件，否则会显示成问号。

问：为什么输入的文字高度无法改变？

答：使用字型的高度值不为 0 时，用 DTEXT 命令书写文本时都不提示输入高度，这样写出来的文本高度是不变的，包括使用该字型进行的尺寸标注。

问：如何改变已经存在的文字格式？

答：如果想改变已有文字的大小、字体、高宽比例、间距、倾斜角度、插入点等，最好利用"特性（DDMODIFY）"命令（前提是已经定义好了许多文字格式）。在命令行输入 DDMODIFY 命令，选择要修改的文字，按回车键，系统出现"修改文字"窗口，选择要修改的项目进行修改即可。

问：为什么工具栏的按钮图标被一些笑脸代替了？

答：当 AutoCAD 找不到按钮位图文件的路径时，工具栏或工具框中的这些按钮图标将被一张笑脸所代替。这可能出现在工具条被用户化之后，菜单模板文件（MNU）又被手工编辑了。

这种情况，可以用文本编辑器打开菜单源文件（MNS）和菜单模板文件（MNU），从 MNS 文件中复制用户化工具条部分，粘贴到 MNU 文件中，然后更名或删除掉旧的 MNS，MNC 和 MNR 文件，再用 MENU/MENULOAD 命令装载 MNU 文件，AutoCAD 将重新编译菜单文件，产生新的 MNS，MNC 和 MNR 文件，这样就会解决问题。

另外，如果位图文件不在 AutoCAD 的支持路径上，这一问题也会出现。请确信在"Preferences（系统配置）"对话框中的支持路径已经包括了该位图文件所在的目录。例如，如果从一个用户化工具条中移动一个按钮到 AutoCAD 的标准菜单中的一个工具条时，必须编辑这一按钮文件，以便该位图文件保存在被支持路径里。可按以下步骤来做：

（1）移动或复制图标到一个不同的菜单工具条中之后，保持工具条对话框仍然是打开的，用鼠标右键单击该图标来编辑它。

（2）在按钮属性对话框中，单击"编辑"按钮。

（3）在按钮编辑器对话框中，单击"Save as"按钮，指定在 AutoCAD 支持的路径中的位图文件目录。

（4）关闭按钮编辑器，然后在按钮属性对话框中单击"Apply（应用）"按钮，最后关闭 AutoCAD，再重新启动它。

问：PLOT 和 ASE 命令后只能在命令行出现提示，而没有弹出对话框，为什么？

答：AutoCAD 的系统变量 CMDDIA 用来控制 PLOT 命令和 ASE 命令的对话框显示，设置 CMDDIA 为 1，就可以解决问题。

问：为什么打印出来的图效果非常差，线条有灰度的差异？

答：这种情况，大多与打印机或绘图仪的配置、驱动程序以及操作系统有关。通常从以下几点考虑，就可以解决问题：

（1）配置打印机或绘图仪时，误差抖动是否关闭。

（2）打印机或绘图仪的驱动程序是否正确，是否需要升级。

（3）如果把 AutoCAD 配置成以系统打印机方式输出，换用 AutoCAD 为各类打印机和绘图仪提供的 ADI 驱动程序重新配置 AutoCAD 打印机。

（4）对不同型号的打印机或绘图仪，AutoCAD 都提供了相应的命令，可以进一步详细配置。

（5）在 AutoCAD Plot 对话框中，设置笔号与颜色和线型以及笔宽的对应关系；为不同的颜色指定相同的笔号(最好同为 1)，但这一笔号所对应的线型和笔宽可以不同。某些喷墨打印机只能支持 1~16 的笔号，如果笔号太大则无法打印。

（6）笔宽的设置是否太大，例如大于 1。

（7）操作系统如果是 Windows NT，可能需要更新的 NT 补丁包（Service Pack）。

问：粘贴到 word 文档中的 AutoCAD 图形，打印出的线条太细，怎么办？

答：把 AutoCAD 的图形剪贴到 Word 文档里，看起来一切都比较顺利。但把文档打印出来后，那些 AutoCAD 图形线条变得非常细，效果着实不好。现提供给用户如下的解决方法：

（1）在 AutoCAD 中使用 PostScript 打印驱动程序，配置一个 PostScript 打印机。

（2）如果 AutoCAD 的背景颜色与 Word 的背景颜色不同，例如 R14 默认的背景颜色是黑色，这时要先改变 AutoCAD 的背景颜色，与 Word 的背景颜色相同。

（3）运行 PLOT 命令，选择出图到文件。在画笔指定对话框中设置笔的宽度。

（4）创建一个新图，用 PSIN 命令输入这个.eps 文件。

（5）然后再把图形剪贴到 Word 中。

还有一种方法，可以在 AutoCAD 中将线条转换成 PLINE 线，设好宽度再复制、粘贴到 word 中。

问：为什么有些图形显示正常，却打印不出来？

答：如果图形绘制在 AutoCAD 自动产生的图层（DEFPOINTS、ASHADE 等）上，就会出现这种情况，应避免在这些层上绘制实体。

附录2　AutoCAD 2010 命令速查表

命　　令	含　　义
3D	创建三维多边形网格
3DARRAY	创建三维阵列
3DCLIP	启用交互式三维视图并打开"调整剪裁平面"窗口
3DCORBIT	启用交互式三维视图并允许用户设置对象在三维视图中连续运动
3DDISTANCE	启用交互式三维视图并使对象显示得更近或更远
3DFACE	创建三维面
3DMESH	创建自由格式的多边形网格
3DORBIT	控制在三维空间中交互式查看对象
3DPAN	启用交互式三维视图并允许用户水平或垂直拖动视图
3DPOLY	在三维空间中使用"连续"线型创建由直线段组成的多段线
3DSIN	输入 3Dstudio（3DS）文件
3DSOUT	输出 3Dstudio（3DS）文件
3DSWIVEL	启用交互式三维视图模拟旋转相机的效果
3DZOOM	启用交互式三维视图使用户可以缩放视图
ABOUT	显示关于 AutoCAD 的信息
ACISIN	输入 ACIS 文件
ACISOUT	将 AutoCAD 实体对象输出到 ACIS 文件中
ADCCLOSE	关闭 AutoCAD 设计中心
ADCENTER	管理内容
ADCNAVIGATE	将 AutoCAD 设计中心的桌面引至用户指定的文件名、目录名或网络路径
ALIGN	在二维和三维空间中将某对象与其他对象对齐
AMECONVERT	将 AME 实体模型转换为 AutoCAD 实体对象
APERTURE	控制对象捕捉靶框大小
APPLOAD	加载或卸载应用程序并指定启动时要加载的应用程序
ARC	创建圆弧
AREA	计算对象或指定区域的面积和周长
ARRAY	创建按指定方式排列的多重对象副本
ARX	加载、卸载和提供关于 ObjectARX 应用程序的信息
ATTDEF	创建属性定义
ATTDISP	全局控制属性的可见性
ATTEDIT	改变属性信息
ATTEXT	提取属性数据
ATTREDEF	重定义块并更新关联属性

续 表

命 令	含 义
ATTSYNC	用当前属性定义更新所有块中的实例
AUDIT	检查图形的完整性
BACKGROUND	设置场景的背景效果
BASE	设置当前图形的插入基点
BATTMAN	激活块属性管理器，以便编辑某一块中包含的属性
BHATCH	使用图案填充封闭区域或选定对象
BLIPMODE	控制点标记的显示
BLOCK	根据选定对象创建块定义
BLOCKICON	为 R14 或更早版本创建的块生成预览图像
BMPOUT	按与设备无关的位图格式将选定对象保存到文件中
BOUNDARY	从封闭区域创建面域或多段线
BOX	创建三维的长方体
BREAK	部分删除对象或把对象分解为两部分
BROWSER	启动系统注册表中设置的缺省 Web 浏览器
CAL	计算算术和几何表达式的值
CAMERA	设置相机和目标的不同位置
CHAMFER	给对象的边加倒角
CHANGE	修改现有对象的特性
CHPROP	修改对象的颜色、图层、线型、线型比例因子、线宽、厚度和打印样式
CHECKSTANDARDS	对当前文件进行标准检查
CIRCLE	创建圆
CLOSE	关闭当前图形
COLOR	定义新对象的颜色
COMPILE	编译图形文件和 PostScript 字体文件
CONE	创建三维实体圆锥
CONVERT	优化 AutoCADR13 或更早版本创建的二维多段线和关联填充
COPY	复制对象
COPYBASE	带指定基点复制对象
COPYCLIP	将对象复制到剪贴板
COPYHIST	将命令行历史记录文字复制到剪贴板
COPYLINK	将当前视图复制到剪贴板中，以使其可被链接到其他 OLE 应用程序
CUTCLIP	将对象复制到剪贴板并从图形中删除对象
CYLINDER	创建三维实体圆柱
DBCCLOSE	关闭"数据库连接"管理器
DBCONNECT	为外部数据库表提供 AutoCAD 接口
DBLIST	列出图形中每个对象的数据库信息

续　表

命　令	含　义
DDEDIT	编辑文字和属性定义
DDPTYPE	指定点对象的显示模式及大小
DDVPOINT	设置三维观察方向
DELAY	在脚本文件中提供指定时间的暂停
DIM 和 DIM1	进入标注模式
DIMALIGNED	创建对齐线性标注
DIMANGULAR	创建角度标注
DIMBASELINE	从上一个或选定标注的基线处创建线性、角度或坐标标注
DIMCENTER	创建圆和圆弧的圆心标记或中心线
DIMCONTINUE	从上一个或选定标注的第二尺寸界线处创建线性、角度或坐标标注
DIMDIAMETER	创建圆和圆弧的直径标注
DIMDISASSOCIATE	将关联性尺寸标注转换成非关联的尺寸标注
DIMEDIT	编辑标注
DIMLINEAR	创建线性尺寸标注
DIMORDINATE	创建坐标点标注
DIMOVERRIDE	替换标注系统变量
DIMRADIUS	创建圆和圆弧的半径标注
DIMREASSOCIATE	将选点的尺寸标注对象与某一对象关联
DIMREGEN	更新关联性尺寸标注对象
DIMSTYLE	创建或修改标注样式
DIMTEDIT	移动和旋转标注文字
DIST	测量两点之间的距离和角度
DIVIDE	将点对象或块沿对象的长度或周长等间隔排列
DONUT	绘制填充的圆和环
DRAGMODE	控制 AutoCAD 显示拖动对象的方式
DRAWORDER	修改图像和其他对象的显示顺序
DSETTINGS	指定捕捉模式、栅格、极坐标和对象捕捉追踪的设置
DSVIEWER	打开"鸟瞰视图"窗口
DVIEW	定义平行投影或透视视图
DWGPROPS	设置和显示当前图形的特性
DXBIN	输入特殊编码的二进制文件
EATTEDIT	增强的属性编辑命令
EATTEXT	增强的属性导出命令
EDGE	修改三维面的边缘可见性
EDGESURF	创建三维多边形网格
ELEV	设置新对象的拉伸厚度和标高特性

续 表

命 令	含 义
ELLIPSE	创建椭圆或椭圆弧
ERASE	从图形中删除对象
EXPLODE	将组合对象分解为对象组件
EXPORT	以其他文件格式保存对象
EXPRESSTOOLS	如果已安装 AutoCAD 快捷工具但没有运行，则运行该工具
EXTEND	延伸对象到另一对象
EXTRUDE	通过拉伸现有二维对象来创建三维模型
FILL	控制多线、宽线、二维填充、图案填充和宽多段线的填充
FILLET	给对象的边加圆角
FILTER	创建可重复使用的过滤器以便根据特性选择对象
FIND	查找、替换、选择或缩放指定的文字
FOG	控制渲染雾化
GRAPHSCR	从文本窗口切换到图形窗口
GRID	在当前视口中显示点栅格
GROUP	创建对象的命名选择集
HATCH	用图案填充一块指定边界的区域
HATCHEDIT	修改现有的图案填充对象
HELP（F1）	显示联机帮助
HIDE	重生成三维模型时不显示隐藏线
HYPERLINK	附着超级链接到图形对象或修改已有的超级链接
HYPERLINKOPTIONS	控制超级链接光标的可见性及超级链接工具栏提示的显示
ID	显示位置的坐标
IMAGE	管理图像
IMAGEADJUST	控制选定图像的亮度、对比度和褪色度
IMAGEATTACH	向当前图形中附着新的图像对象
IMAGECLIP	为图像对象创建新剪裁边界
IMAGEFRAME	控制图像边框是显示在屏幕上还是在视图中隐藏
IMAGEQUALITY	控制图像显示质量
IMPORT	向 AutoCAD 输入多种文件格式
INSERT	将命名块或图形插入到当前图形中
INSERTOBJ	插入链接或嵌入对象
INTERFERE	用两个或多个三维实体的公用部分创建三维组合实体
INTERSECT	用两个或多个实体或面域的交集创建组合实体或面域并删除交集以外的部分
ISOPLANE	指定当前等轴测平面
JUSTIFYTEXT	改变文字的对齐位置而不改变其位置

续 表

命　令	含　义
LAYER	管理图层
LAYERPMODE	打开或关闭图层设置跟踪模式
LAYERP	取消对图层的上一次编辑
LAYOUT	创建新布局和重命名、复制、保存或删除现有布局
LAYTRANS	激活图层转换器，以便对当前图形进行图层匹配
LAYOUTWIZARD	启动"布局"向导，通过它可以指定布局的页面和打印设置
LEADER	创建一条引线将注释与一个几何特征相连
LENGTHEN	拉长对象
LIGHT	处理光源和光照效果
LIMITS	设置并控制图形边界和栅格显示
LINE	创建直线段
LINETYPE	创建、加载和设置线型
LIST	显示选定对象的数据库信息
LOAD	加载形文件，为 SHAPE 命令加载可调用的形
LOGFILEOFF	关闭 LOGFILEON 命令打开的日志文件
LOGFILEON	将文本窗口中的内容写入文件
LSEDIT	编辑配景对象
LSLIB	管理配景对象库
LSNEW	在图形上添加具有真实感的配景对象，例如树和灌木丛
LTSCALE	设置线型比例因子
LWEIGHT	设置当前线宽、线宽显示选项和线宽单位
MASSPROP	计算并显示面域或实体的质量特性
MATCHPROP	把某一对象的特性复制给其他若干对象
MATLIB	材质库输入输出
MEASURE	将点对象或块按指定的间距放置
MENU	加载菜单文件
MENULOAD	加载部分菜单文件
MENUUNLOAD	卸载部分菜单文件
MINSERT	在矩形阵列中插入一个块的多个引用
MIRROR	创建对象的镜像副本
MIRROR3D	创建相对于某一平面的镜像对象
MLEDIT	编辑多重平行线
MLINE	创建多重平行线
MLSTYLE	定义多重平行线的样式
MODEL	从布局选项卡切换到模型选项卡并把它置为当前
MOVE	在指定方向上按指定距离移动对象

续 表

命 令	含 义
MSLIDE	为模型空间的当前视口或图纸空间的所有视口创建幻灯片文件
MSPACE	从图纸空间切换到模型空间视口
MTEXT	创建多行文字
MULTIPLE	重复下一条命令直到被取消
MVIEW	创建浮动视口和打开现有的浮动视口
MVSETUP	设置图形规格
NEW	创建新的图形文件
OFFSET	创建同心圆、平行线和平行曲线
OLELINKS	更新、修改和取消现有的 OLE 链接
OLESCALE	显示 "OLE 特性" 对话框
OOPS	恢复已被删除的对象
OPEN	打开图形文件
OPTIONS	自定义 AutoCAD 设置
ORTHO	约束光标的移动
OSNAP	设置对象捕捉模式
PAGESETUP	指定页面布局、打印设备、图纸尺寸以及为每个新布局指定设置
PAN	移动当前视口中显示的图形
PARTIALOAD	将附加的几何图形加载到局部打开的图形中
PARTIALOPEN	将选定视图或图层中的几何图形加载到图形中
PASTEBLOCK	将复制的块粘贴到新图形中
PASTECLIP	插入剪贴板数据
PASTEORIG	使用原图形的坐标将复制的对象粘贴到新图形中
PASTESPEC	插入剪贴板数据并控制数据格式
PCINWIZARD	显示向导，将 PCP 和 PC2 配置文件中的打印设置输入到 "模型" 选项卡或当前布局
PEDIT	编辑多段线和三维多边形网格
PFACE	逐点创建三维多面网格
PLAN	显示用户坐标系平面视图
PLINE	创建二维多段线
PLOT	将图形打印到打印设备或文件
PLOTSTYLE	设置新对象的当前打印样式，或者选定对象中已指定的打印样式
PLOTTERMANAGER	显示打印机管理器，从中可以启动 "添加打印机" 向导和 "打印机配置编辑器"
POINT	创建点对象
POLYGON	创建闭合的等边多段线
PREVIEW	显示打印图形的效果

续　表

命　令	含　义
PROPERTIES	控制现有对象的特性
PROPERTIESCLOSE	关闭"特性"窗口
PSDRAG	在使用 PSIN 输入 PostScript 图像并拖动到适当位置时控制图像的显示
PSETUPIN	将用户定义的页面设置输入到新的图形布局
PSFILL	用 PostScript 图案填充二维多段线的轮廓
PSIN	输入 PostScript 文件
PSOUT	创建封装 PostScript 文件
PSPACE	从模型空间视口切换到图纸空间
PURGE	删除图形数据库中没有使用的命名对象,例如块或图层
QDIM	快速创建标注
QLEADER	快速创建引线和引线注释
QSAVE	快速保存当前图形
QSELECT	基于过滤条件快速创建选择集
QTEXT	控制文字和属性对象的显示和打印
QUIT	退出 AutoCAD
RAY	创建单向无限长的直线
RECOVER	修复损坏的图形
RECTANG	绘制矩形多段线
REDEFINE	恢复被 UNDEFINE 替代的 AutoCAD 内部命令
REDO	恢复前一个 UNDO 或 U 命令放弃执行的效果
REDRAW	刷新显示当前视口
REDRAWALL	刷新显示所有视口
REFCLOSE	存回或放弃在位编辑参照(外部参照或块)时所做的修改
REFEDIT	选择要编辑的参照
REFSET	在位编辑参照(外部参照或块)时,从工作集中添加或删除对象
REGEN	重生成图形并刷新显示当前视口
REGENALL	重新生成图形并刷新所有视口
REGENAUTO	控制自动重新生成图形
REGION	从现有对象的选择集中创建面域对象
REINIT	重新初始化数字化仪、数字化仪的输入/输出端口和程序参数文件
RENAME	修改对象名
RENDER	创建三维线框或实体模型的具有真实感的着色图像
RENDSCR	重新显示由 RENDER 命令执行的最后一次渲染
REPLAY	显示 BMP,TGA 或 TIFF 图像
RESUME	继续执行一个被中断的脚本文件
REVOLVE	绕轴旋转二维对象以创建实体

续　表

命　令	含　义
REVSURF	创建围绕选定轴旋转而成的旋转曲面
RMAT	管理渲染材质
ROTATE	绕基点移动对象
ROTATE3D	绕三维轴移动对象
RPREF	设置渲染系统配置
RSCRIPT	创建不断重复的脚本
RULESURF	在两条曲线间创建直纹曲面
SAVE	用当前或指定文件名保存图形
SAVEAS	指定名称保存未命名的图形或重命名当前图形
SAVEIMG	用文件保存渲染图像
SCALE	在 X，Y 和 Z 方向等比例放大或缩小对象
SCALETEXT	放大或缩小选定的文字而不改变其位置
SCENE	管理模型空间的场景
SCRIPT	用脚本文件执行一系列命令
SECTION	用剖切平面和实体截交创建面域
SELECT	将选定对象置于"上一个"选择集中
SETUV	将材质贴图到对象表面
SETVAR	列出系统变量或修改变量值
SHADEMODE	在当前视口中着色对象
SHAPE	插入形
SHELL	访问操作系统命令
SHOWMAT	列出选定对象的材质类型和附着方法
SKETCH	创建一系列徒手画线段
SLICE	用平面剖切一组实体
SNAP	规定光标按指定的间距移动
SOLDRAW	在用 SOLVIEW 命令创建的视口中生成轮廓图和剖视图
SOLID	创建二维填充多边形
SOLIDEDIT	编辑三维实体对象的面和边
SOLPROF	创建三维实体图像的剖视图
SOLVIEW	在布局中使用正投影法创建浮动视口来生成三维实体及体对象的多面视图与剖视图
SPACETRANS	在图纸空间和模型空间进行长度换算
SPELL	检查图形中文字的拼写
SPHERE	创建三维实体球体
SPLINE	创建二次或三次（NURBS）样条曲线
SPLINEDIT	编辑样条曲线对象

续 表

命 令	含 义
STANDARDS	配置 CAD 标准文件，或对当前文件进行标准性检查
STATS	显示渲染统计信息
STATUS	显示图形统计信息、模式及范围
STLOUT	将实体保存到 ASCII 或二进制文件中
STRETCH	移动或拉伸对象
STYLE	创建或修改已命名的文字样式以及设置图形中文字的当前样式
STYLESMANAGER	显示"打印样式管理器"
SUBTRACT	用差集创建组合面域或实体
SYSWINDOWS	排列窗口
TABLET	校准、配置、打开和关闭已安装的数字化仪
TABSURF	沿方向矢量和路径曲线创建平移曲面
TEXT	创建单行文字
TEXTSCR	打开 AutoCAD 文本窗口
TIME	显示图形的日期及时间统计信息
TOLERANCE	创建形位公差标注
TOOLBAR	显示、隐藏和自定义工具栏
TORUS	创建圆环形实体
TRACE	创建实线
TRANSPARENCY	控制图像的背景像素是否透明
TREESTAT	显示关于图形当前空间索引的信息
TRIM	用其他对象定义的剪切边修剪对象
U	放弃上一次操作
UCS	管理用户坐标系
UCSICON	控制视口 UCS 图标的可见性和位置
UCSMAN	管理已定义的用户坐标系
UNDEFINE	允许应用程序定义的命令替代 AutoCAD 内部命令
UNDO	放弃命令的效果
UNION	通过并运算创建组合面域或实体
UNITS	设置坐标和角度的显示格式和精度
VBAIDE	显示 VisualBasic 编辑器
VBALOAD	将全局 VBA 工程加载到当前 AutoCAD 任务中
VBAMAN	加载、卸载、保存、创建、内嵌和提取 VBA 工程
VBARUN	运行 VBA 宏
VBASTMT	在 AutoCAD 命令行中执行 VBA 语句
VBAUNLOAD	卸载全局 VBA 工程
VIEW	保存和恢复已命名的视图

续 表

命 令	含 义
VIEWRES	设置在当前视口中生成的对象的分辨率
VLISP	显示 VisualLISP 交互式开发环境（IDE）
VPCLIP	剪裁视口对象
VPLAYER	设置视口中图层的可见性
VPOINT	设置图形的三维直观图的查看方向
VPORTS	将绘图区域拆分为多个平铺的视口
VSLIDE	在当前视口中显示图像幻灯片文件
WBLOCK	将块对象写入新图形文件
WEDGE	创建三维实体使其倾斜面尖端沿 X 轴正向
WHOHAS	显示打开的图形文件的内部信息
WMFIN	输入 Windows 图元文件
WMFOPTS	设置 WMF 选项
WMFOUT	以 Windows 图元文件格式保存对象
XATTACH	将外部参照附着到当前图形中
XBIND	将外部参照依赖符号绑定到图形中
XCLIP	定义外部参照或块剪裁边界，并且设置前剪裁面和后剪裁面
XLINE	创建无限长的直线（即参照线）
XPLODE	将组合对象分解为组建对象
XREF	控制图形中的外部参照
ZOOM	放大或缩小当前视口对象的外观尺寸

参 考 文 献

[1] 曹岩，秦少军.AutoCAD 2010 基础篇.北京：化学工业出版社，2009.

[2] 曹岩.AutoCAD 2007 机械设计实例精解.北京：化学工业出版社，2008.

[3] 曹岩.AutoCAD 2006 工程应用教程：基础篇.北京：机械工业出版社，2006.

[4] 曹岩.AutoCAD 2006 工程应用教程：精通篇.北京：机械工业出版社，2007.

[5] 张余,付劲英，周秀.中文版 AutoCAD2008 从入门到精通.北京：清华大学出版社，2008.

21 世纪高等院校应用型人才培养规划教材（共 18 种）

本系列教材适用于应用型本科院校的计算机专业和其他专业的计算机基础教育。为了便于老师授课，本系列教材免费提供素材和电子课件。

书　号	书　　名	作者	开本	定价	出版时间
2087-0	计算机应用基础 （Windows XP + Office 2003）	吕庆莉	16	36.00	2009.4
2525-7	计算机应用基础 （Windows XP + Office 2007）	李　辉	16	32.00	2011.6
2546-2	计算机办公自动化教程 （Windows XP + Office 2007）	李　辉	16	31.00	2009.4
2238-6	计算机办公自动化教程 （Windows XP + Office 2003）	万　征	16	30.00	2008.11
2518-9	中文 Office 2003 应用实践教程	罗洪涛	16	28.00	2009.3
2531-8	中文 Office 2007 应用实践教程	张军安	16	27.00	2009.3
2259-1	计算机组装与维护教程	王　璞	16	29.00	2007.8
2199-0	中文 Photoshop CS2 应用实践教程	张　健	16	28.00	2007.4
2542-4	中文 Photoshop CS3 应用实践教程	唐文忠	16	32.00	2009.4
2705-3	中文 Photoshop CS4 应用实践教程	兰　巍	16	30.00	2009.12
3252-1	中文 Photoshop CS5 应用实践教程	刘小豫	16	34.00	2011.12
2190-7	中文 CorelDRAW 12 应用实践教程	谢松云	16	32.00	2007.4
2541-7	中文 CorelDRAW X4 应用实践教程	唐文忠	16	32.00	2009.4
3352-8	中文 Flash CS4 应用实践教程	丁雪芳	16	34.00	2012.4
3265-1	中文 Flash CS5 应用实践教程	丁雪芳	16	34.00	2011.12
2547-9	中文 AutoCAD 2008 应用实践教程	袁　晶	16	31.00	2009.4
3234-7	中文 AutoCAD 2009 应用实践教程	兰　巍	16	33.00	2011.11
3278-1	中文 AutoCAD 2010 应用实践教程	王建龙	16	34.00	2011.12